¡BUUUM!

PAIDÓS CONTEXTOS

Últimos títulos publicados:

DAVID DARLING

¡BUUUM!

La ciencia de los extremos

Traducción de Ana Pedrero

PAIDÓS Contextos

Título original: *Ka-Boom! The Science of Extremes*, de David Darling
Esta traducción ha sido publicada por acuerdo con Oneworld Publications.

1.ª edición, noviembre de 2024

© David Darling, 2024
© de la traducción, Ana Pedrero Verge, 2024
© de todas las ediciones en castellano,
Editorial Planeta, S. A., 2024
Paidós es un sello editorial de Editorial Planeta, S. A.
Avda. Diagonal, 662-664
08034 Barcelona, España
www.paidos.com
www.planetadelibros.com

ISBN: 978-84-493-4307-0
Maquetación: Realización Planeta
Depósito legal: B. 17.543-2024
Impresión y encuadernación en Gómez Aparicio Grupo Gráfico

Impreso en España – *Printed in Spain*

SUMARIO

MATERIALES

TECNOLOGÍA

NATURALEZA

INTRODUCCIÓN

Vivimos entre el fuego y el hielo, entre lo inmenso y lo microscópico, entre el vacío del espacio y el oscuro calor y la presión de las rocas más profundas. Habitamos la moderación porque así lo exige una forma de vida como la nuestra. Si nuestros ojos solo alcanzan a ver una extensión reducida del espectro y nuestros oídos oyen solo ciertos sonidos, es porque estas modestas ventanas sensoriales son las que más probabilidades nos dan de sobrevivir. En cuanto a tamaño, en términos de orden de magnitud, estamos en el punto medio entre el ser más diminuto imaginable y el universo entero.

Pero este libro no trata de lo moderado ni de lo mediano, sino que es un homenaje a los extremos. En estas páginas nos haremos preguntas como cuál es la luz que más brilla en la Tierra, el lugar más frío del universo, el material más negro jamás fabricado, el sonido más grave. Sondearemos también los límites del tamaño y la velocidad, de la profundidad y la densidad, y hablaremos de las sustancias más pegajosas, dulces, apestosas y venenosas conocidas por la ciencia. Nos fijaremos en los límites de lo que se ha conseguido ya y de lo que puede llegar a pasar tanto en el mundo humano como en el natural. Pero no solo haremos una lista de datos sorprendentes, sino que, además, veremos la ciencia que explica los límites más periféricos del mundo real.

Puede que en muchos sentidos estemos dentro de la media, pero la curiosidad y el deseo de explorar que nos caracterizan son infinitos. Y es que ya de niños nos preguntamos: ¿dónde acaba el universo?, ¿hasta qué profundidad podría cavar un hoyo?, ¿cuál fue el dinosaurio más grande? A veces, expandir los límites de lo posible responde a un objetivo práctico, como encontrar formas de almacenar cantidades ingentes de información o materiales capaces de resistir unas temperaturas cada vez más elevadas. Y es precisamente la investigación de los extremos lo que nos ha brindado un montón de cosas esenciales en nuestro día a día, desde las superficies antiadherentes hasta los teléfonos inteligentes de última generación.

Y en los años que se avecinan batiremos todavía más récords científicos y técnicos mientras nos enfrentamos a amenazas existenciales como el cambio climático, la contaminación o la seguridad alimentaria, entre otras. Ya se ha desarrollado una esponja química capaz de absorber cantidades de petróleo derramado a razón de hasta noventa veces su propio peso, y para reutilizarla basta con exprimirla; con el tiempo, terminaremos usando las temperaturas más elevadas registradas en la Tierra para generar grandes cantidades de energía limpia. Pero lo cierto es que no siempre nos hace falta una razón que nos empuje a seguir ampliando los límites de las posibilidades o a indagar en qué hay más allá del mundo conocido, porque preguntarnos qué hay al otro lado del horizonte forma parte de nuestra naturaleza. Así que ponte el cinturón, abre la mente y prepárate para un viaje a los confines de lo alcanzable.

FÍSICA

CAPÍTULO

1

Gravísimo

Si intentas imitar la nota más grave de un piano de cola, no conseguirás ni acercarte. Ahora, imagina cómo sería dar una nota a un tono que esté todo un teclado de distancia más grave. El cantante estadounidense Tim Storms no tiene que imaginárselo, porque tiene el Récord Guinness de la voz más grave de la Tierra.[1] El 30 de marzo de 2012, emitió un sonido algo más de siete octavas por debajo de la nota más grave de un piano de cola. El sonido era tan grave —de apenas 0,189 hercios (o ciclos por segundo)— que sus cuerdas vocales, el doble de largas que las del hombre adulto medio, vibraban solo una vez cada cinco segundos. Y con ello se adentró de lleno en el rango de sonidos infrasónicos, el cual abarca los sonidos inferiores a 20 hercios y el oído humano es incapaz de detectar.

Aunque por razones obvias la mayoría de los instrumentos musicales no están diseñados para que suenen fuera de nuestro espectro auditivo, algunos pueden emitir notas infrasónicas. Uno de ellos es el octabajo, una versión gigantesca del contrabajo.

El primer octabajo se construyó en París, cerca del año 1750, y ahora está expuesto en el Musée de la Musique. Mide 3,5 metros de altura y cuenta con tres cuerdas y un sistema de palancas y pedales que están conectados a las abrazaderas metálicas del mástil y permiten al intérprete sacar las notas necesarias con un arco de la forma convencional. En el mundo solo hay cuatro octabajos que funcionen, y solo uno, que es propiedad de la Montreal Symphony Orchestra, se utiliza en conciertos.[2] La cuerda al aire más grave del instrumento de Montreal da la nota la_0, con una frecuencia de 27,5 hercios, pero el octabajo del Musical Instrument Museum de Phoenix, Arizona, al que se le han añadido cuerdas metálicas modernas, se ha afinado de modo que emita un do_0 como nota más grave (la cual equivale a 16,4 hercios), ya en el rango infrasónico.

Los órganos de gran tamaño pueden alcanzar un do_{-1}, u 8 hercios, lo cual podría parecer inútil. Sin embargo, que no podamos oír algo no significa que no nos afecte. En 2002, se llevó a cabo un experimento en vivo bajo el título de «Música sin sonido» que pretendía explorar los efectos psicológicos de los infrasonidos.[3]

Con el pretexto de dar un concierto de sonidos electrónicos y graves variados, los responsables del experimento incluyeron un generador de sonidos infrasónicos al conjunto, y luego pidieron a los miembros del público que describiesen lo que habían sentido. Muchos expresaron sensaciones de ansiedad e inquietud, así como frío y cosquilleos. Es fácil ver, pues, que en el contexto de una iglesia o de una catedral las notas más graves del órgano podrían evocar una reacción emocional parecida que podría interpretarse como un poder sobrenatural o espiritual.

El octabajo de la Montreal Symphony Orchestra.

El científico francés Vladimir Gavreau se convirtió en un pionero de la investigación de los infrasonidos tras su inesperado encuentro con los sonidos ultragraves en 1957. Estaba trabajando en un gran edificio de hormigón junto con su equipo de ingenieros acústicos cuando el grupo empezó a experimentar unos episodios de náuseas que inicialmente achacaron a los humos de las sustancias químicas o a algún patógeno presente en el aire. Tras semanas de investigación, se descubrió el verdadero origen del problema: un motor de baja velocidad que estaba flojo. El equipo construyó un equipo especial para detectar las vibraciones del motor y finalmente se vio que las causantes de sus náuseas eran unas ondas infrasónicas de una frecuencia de 7 hercios. Dichas ondas, emitidas por el motor, inducían una resonancia en los conductos y en la estructura del edificio que amplificaba el sonido original y generaba aquellos efectos fisiológicos tan desagradables. El descubrimiento dio lugar a una oleada de estudios sobre la acústica de los edificios en el régimen de las frecuencias ultrabajas. Actualmente se llevan a cabo pruebas rutinarias para eliminar cualquier resonancia infrasónica en todo proyecto arquitectónico, se insonorizan los espacios que lo requieren y se emplean materiales con propiedades sónicas especiales.

Mientras que los límites típicos del oído humano oscilan entre los 20 y los 20.000 hercios y dependen enormemente de la persona y de su edad, algunos animales son capaces de oír sonidos mucho más graves (y agudos) que nosotros. Debido a sus colosales orejas y cuerpos, no es de extrañar que los elefantes estén entre los pesos pesados del ámbito de las bajas frecuencias, ya que pueden detectar y emitir sonidos de 16 o incluso 12 hercios. Los ultrasonidos recorren grandes distancias sin atenuarse demasiado, de ahí que estos paquidermos los utilicen para comunicarse a largas distancias. Esto podría explicar por qué los grupos de elefantes separados por kilómetros son capaces de avanzar por caminos paralelos, cambiar de dirección a la vez y acercarse para encontrarse. Eso sí, son las ballenas barbadas, como la ballena azul, quienes llevan la comunicación infrasónica al extremo. Sus vocalizaciones de tonos graves son detectables a lo largo y ancho de áreas tan extensas como una cuenca oceánica.

Lo que ya no es tan evidente es que los hurones, las carpas doradas y algunos tipos de aves sean capaces de detectar infrasonidos. Se han llevado a cabo estudios con palomas mensajeras que han demostrado que pueden reaccionar ante frecuencias que llegan hasta los 0,05 hercios. Parece ser que utilizan los infrasonidos generados por fenómenos naturales y que reverberan por la tierra y la atmósfera para orientarse. Por eso se desorientan cuando la geografía de un lugar o ciertas condiciones atmosféricas temporales, como la inversión térmica, interfieren en la transmisión de infrasonidos.[4]

Las tormentas, los aludes, los volcanes, las grandes olas oceánicas, los terremotos y las tormentas geomagnéticas son algunos de los fenómenos naturales intensos que generan ondas infrasónicas. Los animales pueden detectar estos sonidos, que viajan rápidamente por la Tierra, antes de que ocurra una catástrofe inminente, actuando así como una alarma que avisa de que se acerca algo destructivo.[5] La primera referencia que se conserva de este tipo de comportamiento animal se remonta a la Grecia del año 373 a. e. c., cuando se observó que las ratas, las comadrejas, las serpientes e incluso los milpiés huían de sus hogares y buscaban refugio antes de un terremoto devastador. En China, en el invierno de 1975, se predijo la llegada de un terremoto en parte gracias a la observación de un comportamiento inusual en los animales. En consecuencia, muchas personas decidieron dormir fuera de sus casas y lograron así salvar la vida cuando se desató el terremoto poco después.

El 26 de diciembre de 2004, los elefantes cautivos de un enclave turístico cerca de la costa de Tailandia empezaron a barritar y a gemir a primera hora de la mañana sin que nadie supiese por qué. Rompieron las cadenas que los retenían y subieron en estampida a una colina cercana, perseguidos por los entrenadores, que se habían despertado ante aquella conmoción. Pero, entonces, los mismos entrenadores oyeron un sonido mucho más aterrador, el de una ola gigantesca que rompía y destruía la orilla, arrasándolo todo a su paso. Aquel día, un tsunami provocado por un maremoto se cobró las vidas de más de 200.000 personas.

Todos hemos oído la voz chillona y aguda de alguien que ha inhalado helio, pero hay otros gases que surten el efecto contrario. Inhalar oxígeno puro en lugar del aire normal hace que se te ponga la voz un poco más grave de lo normal, pero si quieres tener una voz verdaderamente grave durante unos segundos, como la de Morgan Freeman, podrías inhalar hexafluoruro de azufre (no lo pruebes en casa, eso sí, pues este gas podría irritarte la garganta y los pulmones).

El factor principal que afecta al tono de voz es la velocidad del sonido en el gas que se desplaza por las cuerdas vocales. Estas cuerdas vibratorias generan oscilaciones en el aparato vocal que incluyen la frecuencia fundamental, que es la más baja, junto con una serie de ondas armónicas, o múltiplos de la fundamental. La velocidad del sonido del helio es de unos 972 metros por segundo, es decir, casi tres veces mayor que la velocidad del sonido en el aire común. Dado que la velocidad es proporcional a la frecuencia, el resultado es que, cuando el helio llena el aparato vocal, las frecuencias de las ondas armónicas que reverberan se multiplican varias veces y se genera un sonido vocal mucho más agudo. En el caso del hexafluoruro de azufre ocurre lo contrario: la velocidad del sonido alcanza apenas 133 metros por segundo, lo cual no llega ni a la mitad de la velocidad equivalente en el aire.

Sin embargo, los sonidos más graves jamás detectados no nos llegan desde ningún rincón de la Tierra, sino de lugares muy alejados del espacio. A una distancia de unos 250 millones de años luz se encuentra el cúmulo de galaxias denominado Perseo. Es uno de los objetos más masivos que se conocen en el universo, y contiene miles de galaxias inmersas en un enorme mar de un gas que alcanza una temperatura de muchos millones de grados. Cerca de su centro se halla la galaxia NGC 1275, un resplandeciente manantial de ondas de radio y rayos X que bebe de un agujero negro supermasivo. El agujero negro crea burbujas en el gas cargado que lo rodea, lo cual a su vez forma unas ondas que se abren paso hacia el medio ralo y caliente del cúmulo de Perseo. Estas ondas son visibles en la región de rayos X del espectro y son como las ondas sonoras que se propagan por el aire. El tiempo que separa una onda de otra alcanza la impactante cifra de 9,6 millones de años.[6] En términos musicales, equivale a un si bemol a 57 octavas por debajo del do central de un piano; es decir, es mil millones de veces más grave que cualquier sonido que el oído humano sea capaz de detectar.

Qué leeento

El perezoso de tres dedos se ha ganado la reputación de ser uno de los animales más lentos del planeta. Y es indudable que es el mamífero que se mueve con mayor lentitud: cuando lo hace, se desplaza por su hábitat en las copas de los árboles a una velocidad media de unos 4 metros por minuto. El metabolismo del perezoso, que se alimenta a base de masticar algunas hojas y ramitas sin ningún tipo de prisa, es tan poco emocionante como su estilo de vida. Para que una única hoja atraviese el estómago de cuatro cámaras y el tracto digestivo tiene que pasar más o menos un mes, y no necesita defecar más que una vez a la semana aproximadamente, que es cuando expulsa cerca de una tercera parte de su masa corporal en forma de heces y orina.

Podría decirse que la única ocasión en que el perezoso se mueve rápidamente es cuando se cae, algo que ocurre con una frecuencia sorprendente. Más o menos una vez por semana de media, pierde el agarre y cae en picado hasta el suelo. Puede llegar a caer hasta 30 metros, lo que vendría a ser la altura de un edificio de diez pisos, y a alcanzar una velocidad de 24 metros por segundo en el momento del impacto. Pero los perezosos son resistentes e impasibles, y generalmente vuelven a subirse a su hogar arbóreo sin inmutarse por el golpe.

A gran escala, todo lo que tiene que ver con el perezoso es sumamente lento (salvo sus ocasionales desplomes inesperados), pero cuando nos adentramos en el nivel submicroscópico, las cosas cambian. Hasta el 70 % del organismo del perezoso está hecho de un agua cuyas moléculas se mueven a toda velocidad, alcanzando unos 600 metros por segundo.

Todo lo que nos rodea está compuesto de átomos o moléculas que se mueven muy rápido; en el caso de los sólidos, vibran deprisa, mientras que, en el caso de los gases y los líquidos, salen disparadas libremente y a gran velocidad. Por extraño que parezca, una de las mejores formas de ralentizar las partículas de una sustancia es emplear lo más rápido que tiene la naturaleza, es decir, los fotones, que viajan a 300.000 kilómetros por segundo. En 2021, los investigadores de un laboratorio de la Universidad de Colorado utilizaron rayos láser para enfriar un grupo de moléculas de óxido de itrio hasta alcanzar la temperatura más baja jamás alcanzada y, así, llegar a casi detener su movimiento.[1] Este proceso se lleva a cabo en una serie de fases en las que se van aislando las moléculas más frías y, por tanto, más lentas para que, al final, las 1.200 restantes se encuentren a una millonésima parte de un grado por encima de la temperatura más baja posible, el cero absoluto. Se mueven tan lentamente que les llevaría una hora cruzar una habitación.

Uno de los experimentos más largos jamás llevados a cabo, que todavía está en marcha, es también aburridísimo, porque apenas pasa nada. Se emprendió en 1927 cuando Thomas Parnell, el primer catedrático de Física de la Universidad de Queensland en Brisbane, Australia, calentó una muestra de brea y la vertió en un embudo de vidrio con la boca sellada. Dejaron que la brea se asentara durante tres años y, en 1930, cortaron la boca. A partir de entonces, la brea ha ido rezumando del embudo con tal lentitud que, hasta la fecha, solo han caído nueve gotas. La última se desprendió en abril de 2014 y, por primera vez, el momento quedó capturado en vídeo.

El experimento se encuentra en una vitrina del vestíbulo del Departamento de Física de la Universidad de Queensland para que todo el mundo vea la demostración de que la brea, aunque parezca sólida y sea lo suficientemente quebradiza como para hacerla añicos con un martillo, en realidad es un líquido cuya viscosidad supera en unos 100.000 millones la del agua. Si tienes paciencia, podrías estar entre los afortunados testigos de la caída de la próxima gota, y es que una cámara web sigue el devenir del famoso mejunje negro día y noche. Hace poco se ha descubierto que, en la Universidad de Aberystwyth de Gales, lleva en marcha un experimento parecido desde 1914, con lo cual le saca una ventaja de trece años al de Queensland. Pero su

El experimento de la gota de brea de la Universidad
de Queensland en 2012.

brea es más firme e inconclusa, ya que tras un siglo no ha dado ningún fruto. De hecho, acaba de llegar a la boca del embudo y es improbable que genere su primera gota hasta que pasen al menos 1.200 años.

Si lo que acabamos de ver te parece un muermo, debes saber que no le llega ni a la suela de los zapatos a otros procesos de la naturaleza. El xenón 124 es un isótopo radiactivo del elemento xenón, un gas raro y muy poco reactivo. La vida media del xenón 124 —el tiempo que tardan en descomponerse la mitad de los núcleos atómicos de una muestra del isótopo— es aproximadamente un billón de veces más larga que la edad actual del universo. Es el proceso más lento jamás observado de forma directa.

Puede que te estés preguntando cómo es posible detectar algo que tarda unos 160 billones de años de media en ocurrir, y es que surgió como resultado colateral del estudio de otro aspecto escurridizo de la naturaleza: la materia oscura. El detector de materia oscura XE-NON1T se encuentra enterrado a 1.400 metros de profundidad, bajo capas y capas de roca, en las instalaciones científicas subterráneas más grandes del mundo, en el Parque Nacional del Gran Sasso y Montes de la Laga, a unos 120 kilómetros de Roma. Dicho detector contiene 3,2 toneladas métricas de xenón, incluida una pequeña cantidad del

isótopo Xe-124. Aunque en cualquier muestra de una sustancia radiactiva el tiempo que tarda de media en descomponerse nos lo da la
vida media, la descomposición nuclear es un proceso aleatorio y hay
descomposiciones mucho más rápidas. De hecho, en el transcurso de
un año, el equipo del XENON1T detectó la energía liberada por la
descomposición de 126 átomos de Xe-124, y esta medición les permitió calcular la increíblemente dilatada vida media del isótopo.[2]

Con toda certeza, ningún material artificial podría moverse con la
lentitud de un proceso que hace que incluso las escalas temporales
cósmicas parezcan fugaces. Saludemos al ingeniero neerlandés Daniel
de Bruin, quien, para celebrar la edad dorada de mil millones de segundos (en su trigésimo primer año de vida), construyó una máquina
que representase el número gúgol, es decir, un uno seguido de cien
ceros, o 10^{100}. La máquina consiste en 100 ruedas dentadas interconectadas con una ratio de reducción de 10:1.[3] Para que la última rueda
dé una vuelta completa, la primera de la cadena tendría que girar un
gúgol varias veces. Dado que consigue dar unas mil vueltas por hora,
dar la vuelta un gúgol de veces llevaría 10^{97} horas o, dicho de otra forma, unos mil trillones de trillones de trillones de trillones de trillones
de años.

Huelga decir que la máquina de De Bruin nunca llegará a acercarse siquiera a su objetivo por un montón de razones prácticas. Pero hay
un proceso que todavía tardaría más en completarse y que puede que
sí llegue a materializarse; eso si el universo consigue resistir tanto
tiempo, claro. Tiene que ver con uno de los objetos más extremos del
universo: los agujeros negros.

La imagen más típica de un agujero negro se corresponde con la de
un abismo insondable y aterrador en el que cualquier cosa que se le
acerque demasiado no podrá evitar caer, y de donde jamás regresará.
Y es cierto que el tipo de agujeros negros de cuya existencia se tiene constancia, en los centros de las galaxias y los vestigios de las estrellas gigantes que han explotado, engullen cualquier materia que cruce el punto
de no retorno, el llamado horizonte de sucesos. Pero, si atendemos a la
teoría, los agujeros negros no son totalmente negros, sino que emiten lo
que se conoce como la radiación de Hawking. Con el tiempo, esta radiación haría que se evaporasen y, en última instancia, desapareciesen.

El ritmo de evaporación depende de la masa del agujero negro. Un agujero negro en miniatura, del tamaño de un protón, desaparecería en una fracción de segundo, generando un destello de rayos gamma. Pero los agujeros negros más grandes duran mucho más. Un agujero negro de la masa del Sol tardaría 10^{64} años en evaporarse. En comparación, el universo en sí mismo tiene una antigüedad de apenas 13.800 millones de años. Un agujero negro supermasivo que pese tanto como 100.000 millones de soles, como los que existen en el centro de algunas galaxias grandes, podría aguantar 2×10^{100} años. Por tanto, si el universo aguanta el tiempo suficiente, podría sobrevivir al proceso más lento con el que se haya especulado jamás: la evaporación de gigantescos agujeros negros formados a partir del colapso de supercúmulos de galaxias. Tales sombríos y antiquísimos objetos cósmicos perderían sus últimos restos a manos de la radiación de Hawking tras unos vertiginosos 10^{106} años, o, dicho de otra manera, 10 mil billones de trillones de trillones de trillones de trillones de trillones de años.

Brillos

En una ciudad conocida por sus fulgurantes luces, el Luxor Hotel and Casino de Las Vegas, Nevada, tiene las más brillantes de todas. Desde el atardecer y hasta que amanece, el haz de luz Luxor Sky Beam reluce desde lo alto de una pirámide negra. Si la noche está despejada, los pasajeros de un avión que sobrevuele Los Ángeles a una altura de crucero, a unos 440 kilómetros de distancia, alcanzarán a verlo.

En la sala de las luces, situada a 15 metros por debajo de la punta de la pirámide del Luxor, una serie de espejos curvados recogen y curvan la luz que producen treinta y nueve bombillas de xenón de 7.000 vatios cada una para generar un único haz que sale disparado en vertical hacia el cielo. Además de la luz intensa, se genera mucho calor, y mientras las bombillas están en funcionamiento la temperatura de la sala de las luces se eleva hasta los 150 °C.

Lógicamente, el Sky Beam se ha convertido en una atracción muy visitada, y no solo por los turistas humanos. Cada noche, millones de polillas y otros bichos voladores se acercan a esta brillante fuente de luz. A su vez, bandadas de murciélagos llegan cada noche para darse un festín en el bufé libre de insectos mientras ellos mismos son presa de los oportunistas búhos. Además de a los depredadores, la fauna del Sky Beam debe enfrentarse al peligro que supone la propia luz. Cualquier cosa que se adentre en el haz se quedaría ciego al instante y es posible que también se asase vivo, ya que la temperatura cerca de la base alcanza los 260 °C.

La unidad estándar que se utiliza para medir la intensidad de la luz es la candela. Se trata del vocablo latino que se empleaba para decir «vela» y su definición, por muy abstrusa que suene, sigue partiendo de la base de la cantidad de luz que emite una vela tradicional. En 1979, unos científicos definieron la candela de la siguiente forma: «la intensidad luminosa, en cualquier dirección, de una fuente que emite una radiación monocromática de una frecuencia de 540×10^{12} hercios y que presenta una intensidad radiante en dicha dirección de 1/683 vatios por estereorradián». La frecuencia de 540×10^{12} hercios (ciclos por segundo) es una elección muy antropocéntrica, ya que se corresponde con un tono de verde concreto al que, de entre todos los colores del arcoíris, nuestros ojos son especialmente sensibles. El valor de la energía radiante de la definición se aproxima a la de una vela típica. Por eso, aunque suene complicado, hace referencia a algo sencillo y familiar: a cuánto brilla una vela de cera normal y corriente cuando la miramos.

Hacen falta muchas velas para que una habitación quede lo suficientemente iluminada. La intensidad de la luz de una bombilla de 100 vatios equivale a más de cien velas, o, lo que es lo mismo, a unas 120 candelas. La linterna de venta al público general que más luz da emite unas cegadoras 450.000 candelas. Pero ni siquiera esto impresiona apenas más que una luciérnaga si lo comparamos con el Luxor Sky Beam. La luz que sale disparada desde la cima de este célebre lugar de Las Vegas tiene una intensidad de 42.300 millones de candelas.

La luz natural más resplandeciente que vemos habitualmente es el Sol. Su brillo equivale, aproximadamente, a mil bombillas de 100 vatios colocadas a una distancia de 3 metros. Pero el Sol está a 150 millones de kilómetros de distancia, lo cual significa que la cantidad de luz que emite es tremenda. Los astrónomos estiman el brillo de los objetos que observan en el espacio con una cantidad llamada magnitud que puede ser de dos formas principales: aparente y absoluta. La magnitud aparente indica lo brillante que parece desde la Tierra, mientras que la magnitud absoluta mide su resplandor real.

La magnitud es una escala logarítmica inversa, por lo que cuanto más brille un objeto, menor será su número de magnitud. Esta escala se acerca al antiguo sistema inventado por el astrónomo griego Hiparco en el siglo II a. e. c., que asignó a las estrellas más brillantes una magnitud de uno, y a las estrellas más tenues, un valor de seis. Cada salto de uno en la escala de magnitud moderna se corresponde con un cambio de brillo de factor $\sqrt[5]{100}$ o de unos 2,512. Por ejemplo, una estrella de magnitud dos brilla 2,512 veces más que una estrella de magnitud tres. A los objetos que más relucen en el firmamento se les asignan magnitudes aparentes negativas: Sirio, −1,46; Venus, −4,2; la luna llena, cerca de −13. En esta escala, el Sol luce de forma impresionante con una magnitud aparente de −26,8, o 10.000 millones de veces más brillante que Sirio, la estrella más resplandeciente del cielo nocturno.

Pero el Sol hace trampa porque, desde un punto de vista relativo, está muy cerca. La magnitud absoluta pone a todos los brillos en igualdad de condiciones al insistir en que, para comparar a los distintos objetos, hay que colocarlos a la misma distancia. Se define como la magnitud aparente que tendría un objeto si se viese desde una distancia de 10 pársecs, una unidad astronómica que equivale a unos 33 años luz o a 310 billones de kilómetros. En esta escala, el Sol ya no queda tan bien parado, con una magnitud absoluta de +4,83 comparada con la de Sirio, de −1,33. De hecho, cada una de las estrellas que ves en el cielo nocturno a simple vista en realidad brilla más que el Sol. (La cantidad mucho más abundante de estrellas más tenues que el Sol solo se puede ver con un telescopio).

Entre las lumbreras verdaderamente estelares que podemos ver por la noche están las supergigantes azules Rigel, a una distancia de 863 años luz, y Deneb, a unos 2.600 años luz, con magnitudes absolutas de −7,8 y −8,4, respectivamente. Ambas son del orden de 100.000 veces más brillantes que el Sol.

Algunas de las estrellas más luminosas que se conocen se encuentran en la nebulosa de la Tarántula, una región inmensa caracterizada por una intensa actividad de formación de estrellas dentro de la Gran Nube de Magallanes, una galaxia satélite de la Vía Láctea. Cerca del centro de la Tarántula se encuentra la BAT99-98, un coloso estelar 226 más veces masivo que el Sol y unos 5 millones de veces más luminoso. Hasta la fecha solo se ha descubierto otra estrella que le haga especial sombra.

En una galaxia muy muy lejana —a 10.900 millones de años luz, para ser exactos— se encuentra una estrella sin designación oficial a la que se conoce simplemente como Godzilla. Gracias a una peculiaridad cósmica llamada «lente gravitatoria», la luz de esta lejana galaxia se magnifica hasta el punto de que los astrónomos alcanzan a ver los detalles que la componen, que de otra forma serían invisibles.[1] Algunos de los rasgos del espectro de Godzilla se parecen a los que se ven en estrellas muy grandes, luminosas e inestables de nuestra propia galaxia, como Eta Carinae, que ya están acercándose al final de sus días. Godzilla brilla unos 15 millones de veces más que el Sol, pero es posible que no por mucho tiempo. Está condenada a explotar como una supernova dentro de poco, desde el punto de vista astronómico, y durante unos días o semanas, brillará más que una galaxia entera.

De entre todas las estrellas, solo una pequeña proporción acaba estallando. Las que lo hacen tienen una masa al menos ocho veces superior a la del Sol. Una supernova puede alcanzar brevemente una magnitud absoluta de −19, lo que significa que, si una explotara a algo más de 30 millones de años de distancia, brillaría 15 millones de veces más que Sirio o unas 500 veces más que la luna llena. La supernova del año 1054 e. c., el vestigio de la cual hoy vemos como la nebulosa del Cangrejo, fue visible durante el día a pesar de estar a 6.500 años luz de distancia. La supernova más brillante de la que se tiene constancia se llama ASASSN-15lh en honor a la misión telescópica All Sky Automated Survey for SuperNovae (ASAS-SN) que la encontró. Como integrante de la élite de las «supernovas superluminosas», se detectó por primera vez el 14 de junio de 2015 y se localizó en una galaxia que se encuentra a 3.800 millones de años luz en la constelación austral Indus.[2] En su punto álgido, brilló 570.000 millones de veces más que el Sol y 20 veces más que la emisión de luz de toda la galaxia de la Vía Láctea en su conjunto. Dicho de otra forma, mientras agonizaba emitió diez veces más energía de la que generará el Sol durante toda su existencia.

Algunos astrónomos han cuestionado que la ASASSN-15lh fuese una supernova, y el mismo interrogante se cierne sobre otro evento asombrosamente luminoso conocido como PS1-10adi, el cual se detectó en 2010 con el Panoramic Survey Telescope y el Rapid Response System (Pan-STARRS) desde el Observatorio de Haleakalā, en Hawái. El PS1-10adi podría ser otra supernova superluminosa u otro tipo de muerte estelar traumática —un «evento de disrupción de marea»— en el que el intenso campo gravitatorio de un agujero enorme gigantesco del centro de la galaxia hace añicos una estrella. Ambas posibilidades tienen muy emocionados a los astrónomos, ya que las dos ofrecen la oportunidad de observar en pleno desarrollo uno de los procesos más extravagantes del universo en términos de energía.

Por supuesto, aquí en la Tierra no tenemos nada ni lo más remotamente parecido al brillo que emite el estallido de una estrella, pero hay que tener en cuenta que la cantidad de luz total que emite un objeto y la intensidad de dicha luz son cosas completamente distintas. Una supernova y la explosión de una bomba de hidrógeno, por ejemplo, son eventos increíblemente luminosos. La supernova es infinitamente más resplandeciente, pero ¿cómo queda la balanza en lo referente a la intensidad de la luz de cada uno? Si dejamos a un lado el efecto destructivo instantáneo que supone estar en el epicentro de la explosión de una bomba de hidrógeno, la cantidad de luz que entraría por la retina de alguien que se encontrase en la zona cero sería más o menos la misma que la de una supernova que se hallase a medio año luz de distancia.

En teoría, el brillo que puede alcanzar un haz de luz es ilimitado. A diferencia de los electrones u otras partículas subatómicas, los fotones se pueden apilar los unos sobre los otros hasta el infinito. El único problema es tecnológico, es decir, cómo llegar a concentrar grandes cantidades de fotones en un lugar y en el mismo momento. En 2017, un grupo de físicos de la Universidad de Nebraska-Lincoln revolucionaron las cosas en este sentido al dirigir un láser de intensidad ultraelevada conocido como DIOCLES a unos electrones que estaban suspendidos en helio. El láser provocó la luz más brillante jamás generada en la Tierra, 10 millones de veces más resplandeciente que la superficie del Sol. También dio lugar a una serie de efectos tan extraordinarios como inesperados.[3]

El propósito del experimento de Nebraska consistía en estudiar cómo los fotones del láser dispersaban los electrones individuales. La dispersión de la luz es lo que hace que la mayor parte del mundo que nos rodea sea visible. En condiciones lumínicas normales, solo los fotones individuales dispersan los electrones del interior de los átomos. Pero el elevadísimo brillo de DIOCLES hace que haya cientos de fotones a la vez capaces de rebotar contra un único electrón, lo que hace que la luz que se dispersa sea más energética, porque cuenta con la energía combinada de todos los fotones del láser.

El efecto del experimento de Nebraska fue que creó rayos X dispersos con propiedades únicas. El láser brillaba tanto que alteró el ángulo, la forma y la longitud de onda de la luz dispersada. En la práctica, eso significa que, cuando se las ilumina con una luz que supere cierto umbral de intensidad, las cosas adquieren una apariencia distinta.

Es más, los rayos X que había generado el rayo láser que impactó sobre los electrones eran potentes, pero presentaban una duración cortísima y se mantenían dentro de un rango de energía reducido. Esto podría significar que podrían hacerse radiografías sensibles en 3D con unas dosis de radiación 10 veces menores a las actuales para hacer seguimiento de tumores difíciles de ver. La duración sumamente breve de la explosión de rayos X también hace que funcionen como la luz estroboscópica más rápida que existe, capaz de congelar cualquier movimiento de gran velocidad, lo cual resultaría de un valor incalculable para el estudio de reacciones químicas imposibles de seguir con los rayos X convencionales.

¡Silencio!

John Cage fue un compositor estadounidense vanguardista conocido sobre todo por la pieza musical más silenciosa que se ha compuesto jamás. Su obra para piano *4'33"* tiene al intérprete sentado en silencio durante 273 segundos, una cifra que se corresponde con el número de grados bajo cero al que se encuentra el cero absoluto en la escala Celsius, el punto en el que se detiene el movimiento molecular.[1] Tal como apunta el propio Cage: «No existen ni el espacio vacío ni el tiempo vacío. Siempre hay algo que oír o algo que ver. De hecho, por mucho que intentemos generar un silencio, no podemos».

La composición *4'33"* de Cage rompe con los límites tradicionales al trasladar la atención del escenario al público e incluso más allá de la sala de conciertos. El oyente es consciente de todo tipo de sonidos, desde los más cotidianos hasta los más profundos, desde los esperados hasta los sorprendentes, desde los íntimos hasta los cósmicos: alguien que se revuelve en su asiento, que hojea el programa, que respira; una puerta que cruje, el tráfico de fuera, un recuerdo que reaparece. No todo el mundo está convencido de que sea arte; en su ensayo «Nothing» [Nada], Martin Gardner escribió: «No he oído a nadie interpretar *4'33"*, pero tengo amigos que sí y que me han dicho que es la mejor obra de Cage».

Estamos rodeados de sonidos, aunque normalmente no somos conscientes de muchos de ellos. Los sonidos más quedos a veces se pierden entre los más ruidosos y, como hemos visto en el capítulo 1, el oído humano solo percibe una gama reducida de longitudes de onda, del mismo modo que solo alcanzamos a ver lo que corresponde a una pequeña franja del espectro electromagnético.

La intensidad del sonido se mide en decibelios, una unidad que debe su nombre al inventor del teléfono, Alexander Graham Bell. A grandes rasgos podríamos decir que la diferencia de 1 decibelio entre el volumen de dos sonidos es la diferencia más pequeña que puede detectar el oído humano. Igual que la escala Richter, que se utiliza para medir los terremotos, la escala de los decibelios es logarítmica. Duplicar la intensidad del sonido equivale a un aumento de poco más de 3 decibelios. Al pasar de un débil susurro de 1 decibelio al tono de voz normal de unos 60, estamos ante un aumento de intensidad de más o menos un millón.

Por lo general, se considera que el sonido más débil que somos capaces de oír es de cero decibelios, lo cual no significa «cero sonido». Existen también los decibelios negativos, que son los que les corresponden a sonidos más silenciosos de los que somos capaces de detectar. En cualquier caso, los 0 dB son una cifra aproximada para marcar el umbral del oído. Algunas personas son sensibles a sonidos mucho más débiles, y de jóvenes tenemos el oído mucho más fino que de mayores. Además, la sensibilidad del oído varía a lo largo del rango de frecuencia completo, desde unos 20 hercios (ciclos por segundo) hasta los 20.000, que el oído humano aún es capaz de percibir, con el punto álgido entre los 2.000 y los 5.000 hercios.

Es difícil encontrar lugares naturales en la Tierra que estén en absoluto silencio. Alejarse de los ruidos de la civilización es una cosa, pero los sonidos de los pájaros o del viento siguen estando ahí para interrumpir el silencio. Un lugar sin viento ni el canto de los pájaros tiene que ser árido y resguardado, como el cráter de un volcán. Uno de los candidatos a ser el sitio más silencioso de la Tierra es el cráter de Haleakalā, en la isla hawaiana de Maui, donde se ha medido el nivel de sonido más o menos constante en apenas 10 decibelios, que es similar al de tu propia respiración.[2] El único lugar más silencioso seguramente estaría bajo tierra, en una cueva profunda, siempre que no haya movimientos acuáticos subterráneos ni caigan gotas de agua del techo.

«En el espacio nadie puede oír tus gritos», rezaba el icónico eslogan de la película *Alien*. Pero lo cierto es que la afirmación de que el espacio es el lugar más silencioso del universo es debatible. Para sobrevivir en el vacío del espacio hace falta llevar un traje espacial y un casco en el que haya aire y, por ende, sonido. Si te quitas el casco, morirás en cuestión de segundos. Por suerte, los científicos son gente con muchos recursos y no dejan que cuestiones tan nimias como la supervivencia se interpongan entre ellos y un buen experimento.

Para poner a prueba la idea de que en el espacio no se pueden oír los gritos, un alumno de posgrado de la Universidad Brunel de Londres y el programa de la BBC Radio *The Naked Scientist* se aliaron para mandar un micrófono y un altavoz a lo más alto de la atmósfera.[3] Lanzaron una invitación a todo el mundo que quisiera grabar y enviar sus mejores gritos, de entre los cuales seleccionaron algunos para la misión. Uno de los escogidos fue «¡Niños! ¡Recoged vuestra habitación!», de Noha, una madre de Sudáfrica.

El «Screaming Satellite», algo así como el «satélite de los gritos», subió y subió, hasta alcanzar una altura de 33 kilómetros, donde la presión atmosférica es de apenas tres milésimas partes de la que encontramos a ras del suelo, antes de que el globo que lo transportaba estallase por fin. Justo antes de dicho estallido, las órdenes de Noha a sus hijos se habían reducido a un susurro apenas audible, en el límite de lo que el micrófono era capaz de detectar.

Siempre que cuente con un medio por el que desplazarse, el sonido se propagará. Hay sonido en Marte, por ejemplo, porque allí hay atmósfera. Gracias al robot explorador Perseverance de la NASA, que está equipado con dos micrófonos, hemos podido oír el rugir de los vientos marcianos, el chasquido del láser del robot al cargarse unas rocas cercanas y el zumbido del helicóptero en miniatura de la nave espacial mientras lo sobrevuela. Pero la atmósfera es más fría, mucho más débil y de una composición diferente a la terrestre.[4]

La atmósfera de Marte tiene una densidad unas 100 veces inferior a la del aire que respiramos, de forma que cualquier sonido, como por ejemplo la voz humana, sería mucho más débil en el planeta rojo. En Marte tendrías que estar mucho más cerca de la fuente del sonido para oírlo al mismo volumen que en la Tierra. La atmósfera de Marte está hecha principalmente de dióxido de carbono, el cual tiene mejores propiedades de absorción acústica que el nitrógeno que domina nuestra atmósfera, y por eso en Marte todo nos sonaría más amortiguado.

En Venus no sobrevivirías lo suficiente como para pronunciar una palabra ni oír nada. Pero si contáramos con una forma de sobrevivir a la temperatura escandalosamente elevada, los sonidos que oiríamos y emitiríamos serían únicos de ese mundo. La atmósfera de Venus es gruesa y espesa, con unas presiones parecidas a las que encontramos a 1.000 metros de profundidad en el océano. Esta mayor densidad haría que las cuerdas vocales vibrasen más lentamente, de modo que la voz se nos pondría muy grave.

Aquí en la Tierra tenemos lugares especiales, llamados «cámaras anecoicas», que absorben casi todos los sonidos que se emiten en su interior. Se utilizan en toda una serie de experimentos acústicos, como para probar equipos de audio nuevos o analizar la dirección del ruido que emiten las máquinas industriales. Fue precisamente la visita a una de estas cámaras, en la Universidad de Harvard, lo que inspiró a John Cage para su *4'33"*. Escribió que, mientras estaba ahí dentro, «Oí dos sonidos, uno agudo y uno grave. Cuando se los describí al ingeniero que estaba al mando, me informó de que el agudo era mi sistema nervioso, y el grave, mi circulación sanguínea».

Las paredes, el suelo y el techo de las cámaras anecoicas están diseñados y fabricados con materiales que permiten la absorción de prácticamente toda la energía acústica que entre en ellas. Los únicos sonidos que puede oír cualquiera que entre serán los que procedan de su propio cuerpo o voz y que viajen directamente a sus oídos. El efecto es de lo más inquietante, y pocos aguantan la experiencia durante más de unos minutos. Algunas cámaras anecoicas se abren de vez en cuando al público, pero no se suele permitir que los visitantes entren en ellas durante un período de tiempo significativo sin supervisión. El rato más largo que alguien ha aguantado en una de estas salas inertes fue de unos 45 minutos, pero, a la mayoría, el crujir de nuestros propios huesos, el zumbido de los oídos cada vez más alto y la pérdida de la consciencia espacial (otro efecto de la ausencia de reverberación) nos resultaría insoportable mucho antes. El infierno silencioso por excelencia, a veces descrito como el lugar «adonde el sonido va a morir», es la cámara anecoica más avanzada del mundo: el Edificio 87 en el laboratorio de investigación de Microsoft en Redmond, Washington.[5]

El sonido más silencioso del universo consiste en un único «fonón». Así como los fotones son los paquetes diminutos e indivisibles de energía electromagnética que constituyen la luz, los fonones son las unidades más pequeñas de energía acústica. Alrededor del mun-

La cámara anecoica del Edificio 87 de Microsoft.

do existen varios laboratorios en los que se están desarrollando dispositivos con los que poder detectar y controlar los fonones individuales o paquetes cuantificados de energía acústica.

Nadie es capaz de oír los fonones individuales y, en cualquier caso, los que se utilizan en los experimentos cuánticos presentan unas frecuencias millones de veces más elevadas de lo que podemos percibir los humanos. Estos fonones de laboratorio se crean en un chip hecho de un material piezoeléctrico, lo que significa que cualquier movimiento en la superficie genera cierto voltaje. A medida que los fonones se desplazan por la superficie del chip, dan pie a voltajes diminutos que a su vez son detectados por un transductor sensible que sirve tanto de micrófono como de altavoz.

El sonido más débil que usamos para comunicarnos entre nosotros es el susurro. En el futuro puede que los susurros casi mudos de los fonones, representando cada uno un dígito binario cuántico o cúbit, conformen la base de una nueva generación de ordenadores de alta velocidad. Los llamados «phi-bits» son menos sensibles a las condiciones ambientales que los frágiles cúbits que se almacenan electrónicamente. Puede sonar a ciencia ficción, pero los ordenadores más potentes jamás construidos, capaces de soportar desde la inteligencia artificial avanzada hasta la criptografía más compleja, podrían servirse de los sonidos más silenciosos que nos ofrece la naturaleza.

Hasta el once

En la película de 1984 *This Is Spinal Tap*, el guitarrista ficticio Nigel Tufnel presume de que su amplificador nuevo llega «hasta el once», creyendo que eso hace que suene más alto que los amplificadores que solo marcan el volumen hasta el diez. Después de estrenarse la película, y como guiño a su sentido del humor, varios músicos de altos vuelos, como Eddie Van Halen, empezaron a usar equipos que podían subirse hasta el once o más.

A principios de los setenta, cuando yo era un estudiante que iba a conciertos con asiduidad, era habitual que los grupos presumiesen de la potencia de sus sistemas de sonido. Pero mucho antes de que existiese el *rock*, algunos compositores clásicos escribían música pensada para ser interpretada a un volumen elevado. El estreno de la obra de quince minutos *La victoria de Wellington* en 1813 contó con cien músicos. La crítica musical de *The New York Times* Corinna da Fonseca-Wollheim la describió como un «asalto sónico al oyente» y el «inicio de una carrera armamentística musical por alcanzar una interpretación sinfónica al mayor volumen posible».

La música a un volumen mayor pudo existir gracias a las innovaciones en los instrumentos: trompetas con válvulas, flautas de metal, etcétera. El piano, inventado a principios del siglo XVIII, experimentó algunos de los cambios más radicales. Los primeros pianos contaban con una combinación de cuerdas de latón (para las notas más graves) y de hierro. Con el paso del tiempo, compositores como Mozart, Beethoven y Liszt fueron exigiéndole cada vez más al instrumento, especialmente en cuanto a extensión y volumen, para que el sonido pudiese llenar unas salas de conciertos cada vez más grandes. Los diseñadores reaccionaron añadiendo más cuerdas y aumentándoles la tensión, lo que significó que debían reforzar el marco y para ello añadir una placa de hierro. El cambio más significativo llegó a mediados del siglo XIX con la introducción de las cuerdas de acero. Para 1912, habían alcanzado su forma moderna con una fuerza tensora tres veces mayor que la de los cables de hierro de los primeros pianos.

En algunos casos, los cables de acero también sustituyeron a las tripas que hasta entonces se habían utilizado en todos los instrumentos de cuerda. Una de las que salió más beneficiada fue la guitarra, que en su versión nueva, más potente y de cuerdas de acero se fue abriendo camino hacia la música folk y *country* y, con el tiempo, hacia el *jazz* y el *rock and roll*.

Entre los instrumentos más potentes de la orquesta está la trompa, hasta el punto de que un estudio llevado a cabo en 2013 por un grupo de investigadores de las universidades de Queensland y Sídney observó que hasta una tercera parte de los intérpretes de trompa de menos de cuarenta años presentaban cierto nivel de pérdida auditiva inducida por el ruido.[1]

Los sonidos más fuertes que se han usado jamás en la interpretación de una orquesta al aire libre son los que produce la artillería en vivo de la *Obertura 1812* de Tchaikovsky, una pieza que el propio compositor detestaba y que describió como «muy alta y ruidosa y totalmente carente de mérito artístico». En las interpretaciones en interiores de la obra suelen utilizarse tambores, estallidos pregrabados u otros sustitutos no explosivos. No obstante, ha habido ocasiones en los que unos cañones auténticos han acompañado a esta *Obertura* en el Royal Albert Hall.

Tal como veíamos en el capítulo anterior, la intensidad del sonido se mide en decibelios (dB). En esta escala, el sonido más débil que la mayoría somos capaces de oír se encuentra alrededor de los 0 dB (aunque también es posible oír decibelios negativos). Cada vez que 1 decibelio aumenta a razón de 10, la intensidad del sonido se multiplica por 10: es decir, un sonido de 10 dB es 10 veces más intenso que un sonido de 0 dB, un sonido de 20 dB es 100 veces más intenso, y así sucesivamente.

El suave crujido de las hojas apenas alcanza los 20 dB; el zumbido del frigorífico es de unos 50 dB; una conversación normal puede situarse en torno a los 60 dB; y el tráfico de la ciudad alcanza unos 80 dB. El salto aproximado de 20 dB de la conversación normal al ruido de la calle explica por qué nos cuesta hablar con alguien en una calle céntrica por la que no paran de pasar coches y autobuses. Aunque el aumento de 20 dB corresponde a un salto de 100 veces en intensidad acústica, a nuestros oídos les parece que el volumen solo se ha multiplicado unas cuatro veces. El hecho de que percibamos cada salto multiplicado por 10 como más o menos el doble de volumen es una de las causas que contribuye a la sordera inducida por el ruido: no nos damos cuenta del daño que nos causa la música alta de los auriculares, por ejemplo, u otras exposiciones persistentes a niveles elevados de ruido.

Una motocicleta emite unos 100 dB, y un trueno, unos 120 dB. A partir de aquí ya nos adentramos en un plano auditivo en el que los sonidos pueden conducir a la pérdida de oído, según la intensidad del sonido y la duración de la exposición. Hubo una época en que algunas bandas de *rock* competían por ser las más ruidosas del mundo. Deep Purple tuvo el récord durante varios años a principios de la década de 1970, y luego el honor fue de The Who por haber registrado 126 dB a una distancia de 32 metros desde los altavoces durante un concierto en The Valley en Londres, en 1976. Pero algunos de los sonidos más extremos generados por la mano humana y la naturaleza son mucho más elevados.

En cuanto a sistemas de sonido, en Europa el más potente es el LEAF (Gran Instalación Acústica Europea, por sus siglas en inglés), el cual pertenece al Centro Europeo de Investigación y Tecnología Espacial (ESTEC), ubicado en los Países Bajos.[2] Integradas en uno de sus laterales hay una serie de bocinas capaces de generar un ruido de hasta 154 dB cuando se hace pasar nitrógeno a través de ellas. Las paredes de hormigón reforzado con acero contienen el ruido, y el sistema solo puede encenderse cuando todas las puertas que llevan a la cámara de sonido se han cerrado herméticamente.

Durante un despegue, un avión de pasajeros puede hacer un ruido atronador si te encuentras a menos de 100 metros de distancia. Pero, por muy extraño que parezca, el avión más ruidoso jamás construido era de hélice. El avión experimental XF-84H, fabricado por Republic

Aviation para la Fuerza Aérea de Estados Unidos, se propulsaba con un motor de turbina que iba conectado a unas hélices supersónicas.[3] Dado que las aspas de la hélice superaban la velocidad del sonido, incluso cuando el avión estaba en tierra, generaban un ruido continuo y ensordecedor que se extendía lateralmente a lo largo de cientos de metros. La onda de choque que generaban era lo bastante potente como para hacer caer a un hombre. Tan ruidoso era el avión, al que le pusieron el mote de *Thunderscreech*,* que incluso cuando estaba inmóvil podía oírse a 40 kilómetros de distancia, y era conocido por los dolores de cabeza y las náuseas que provocaba al personal de tierra. Su nivel de ruido estimado de 200 dB no distaba demasiado del emitido por el poderoso cohete Saturno V al lanzar las misiones del Apolo a la Luna.

Se cree que el sonido más elevado jamás generado por la humanidad fue el de la explosión de la bomba de hidrógeno más potente, la Soviet AN602, también conocida como la Bomba del Zar. Cuando la probaron en 1961, quedó demostrado que era más de 3.000 veces más potente que las que se lanzaron sobre Hiroshima y Nagasaki, el equivalente a 50 megatones de TNT. La percibieron los sismógrafos de todo el mundo y generó un rugido de 224 dB en la zona cero.

Uno de los mayores ruidos que se han vivido en la Tierra en la época reciente se oyó a miles de kilómetros de distancia de su punto de origen. El 27 de agosto de 1883, la isla volcánica de Krakatoa, situada justo entre Java y Sumatra, estalló.[4] Poco después, las ondas sonoras provocadas por la colosal explosión alcanzaron la isla Rodrigues en el océano Índico, a 4.800 kilómetros de distancia, y a los residentes les sonó como si se tratase de fuego de artillería lejano. A 5 kilómetros de distancia, se cree que el nivel del sonido se situó entre los 189 y los 202 dB, mientras que en el punto de origen fue de unos 310 dB.

Más o menos en el último siglo, solo hay otro acontecimiento que pudo haber sido más ruidoso que el de Krakatoa. El 30 de junio de 1908, justo pasadas las siete de la mañana, un hombre que estaba sentado fuera de un puesto comercial en Vanavara, Siberia, salió disparado de su silla. Al mismo tiempo, una intensa oleada de calor le hizo

---

* En español, este mote podría equivaler a algo como «chillido atronador». (*N. de la T.*).

pensar que tenía la camiseta en llamas. A 80 kilómetros de distancia, cerca del río Tunguska, algo había explotado con la violencia de al menos una bomba de 10 megatones, el equivalente a 600 bombas de Hiroshima. 80 millones de árboles fueron derrumbados al instante y ahora yacían en un patrón radial que nacía en el centro de la explosión. La onda de choque sísmica resultante se percibió en los equipos de lugares tan lejanos como Inglaterra.

La teoría más aceptada en general es que la explosión de Tunguska fue provocada por un asteroide —de unos 40 metros de ancho— que penetró la atmósfera terrestre a una velocidad de unos 54.000 kilómetros por hora y colapsó a una altura de unos 8.500 metros. Se estima que la intensidad del sonido en el momento de la explosión estuvo entre los 300 y los 315 dB.

Si te colocases cerca de un cohete gigante mientras despega o tuvieses la desgracia de encontrarte a pocos kilómetros de un acontecimiento como los de Krakatoa o Tunguska, el sonido te habría reventado los oídos, hecho trizas los huesos y rasgado los órganos internos. Es poco probable sobrevivir a más de 160 dB de cerca. El umbral del dolor se sitúa en los 130 dB, una intensidad sonora que la explosión de Krakatoa excedió en 250.000 millones de veces.

Nuestra condición de humanos no nos permite experimentar de cerca sonidos como los más intensos que son capaces de generar la naturaleza o la tecnología, porque nos matarían al instante. Pero el ruido también tiene un límite físico. El volumen del sonido en el aire viene determinado por la amplitud de las ondas sonoras en comparación con la presión atmosférica ambiental. A un nivel de 194 dB, una onda sonora presenta una alteración de la presión equivalente a la presión atmosférica normal al nivel del mar. Básicamente, a esta intensidad, las ondas sonoras crean un vacío total entre ellas mismas, de forma que cualquier aumento adicional haría que el sonido quedase «entrecortado».[5]

Cualquier cosa que supere los 194 dB no se considera sonido en el sentido convencional de una serie de compresiones y rarefacciones. La energía de la fuente de origen empieza a distorsionar la onda entera, y el resultado no genera subidas y bajadas de presión cada vez más intensas, sino una onda de choque. En lugar de sonidos que atraviesan el aire, la consecuencia es una serie de explosiones presurizadas. Esta es precisamente una de las razones por la que los cohetes grandes emiten un sonido como de chisporroteo y no un rugido constante.

Como hemos visto en el capítulo 1, que el sonido no pueda viajar a través del vacío no significa que en el espacio no haya fenómenos acústicos. Incluso en las zonas casi desérticas entre una galaxia y la siguiente hay una presencia poco consistente de gas que puede actuar como medio para que unas ondas parecidas a como son las del sonido en la Tierra puedan avanzar. Las notas más graves jamás «oídas», como hemos visto también en el capítulo 1, provienen de un agujero negro supermasivo del cúmulo de galaxias Perseo, a 250 millones de años luz de distancia. Las ondas de este bajo profundo sideral también son, en cierto modo, los sonidos más ruidosos que se han detectado jamás en el universo, y es que surgen de una fuente que combina la energía de 10 mil billones de trillones de Krakatoas estallando a la vez.

Rozando los 0 K

Si por lo que sea vas a la base Vostok en la Antártida, abrígate. Este puesto remoto científico ruso se encuentra en la región más al sur del continente, a 1.300 kilómetros del polo sur geográfico, y es famoso por ser bastante fresquito. La temperatura más elevada que se ha registrado, en el punto álgido del verano, es de −14 °C. En pleno invierno, hace un frío horrible. El 21 de julio de 1983, la temperatura cayó hasta los −89,2 °C, la más baja jamás registrada de forma fiable en cualquier lugar de la Tierra.[1]

Es curioso que, a pesar de ser tan frío, la base Vostok sea uno de los lugares más soleados del planeta. En diciembre, el sol brilla durante una media de 22,9 horas al día, y aquí se disfruta de más días soleados al año que en cualquier punto de Sudáfrica, Australia o la península arábiga, aunque en invierno haya varios meses seguidos en los que el Sol nunca llega a asomarse por el horizonte.

No cabe duda de que las temperaturas a veces caen por debajo de lo que tenemos registrado. Según un informe sin confirmar, Vostok alcanzó los −91 °C el 28 de julio de 1997. Incluso deben darse temperaturas más bajas hacia la cumbre de la capa de hielo de la Antártida Oriental donde se encuentra la estación y, si contamos la sensación térmica, la temperatura más baja jamás registrada se observó el 24 de agosto de 2005: −129 °C.

Pero lo cierto es que en el sistema solar hay lugares que hacen que la noche invernal más inhóspita de la Antártida parezca agradable. Como cabría esperar, los mundos que están más alejados del Sol son más fríos en general. Hay muchas razones que explican por qué «*Mars*

ain't the kind of place to raise your kids»: en los polos, llega a los
−153 °C. La temperatura media del planeta es de unos −63 °C, con
unos máximos ecuatoriales ocasionales de unos 20 °C en verano.

Pasado Marte, nos encontramos con los mundos gigantescos de
Júpiter, Saturno, Urano y Neptuno y sus muchas lunas, donde hace un
frío glaciar. Encélado, la sexta luna más grande de Saturno, está prácticamente entera cubierta de un hielo blanco fresco, lo que hace de
ella uno de los cuerpos más reflectantes del sistema solar. La temperatura máxima que alcanza a mediodía, los −198 °C, está muy por debajo de lo que sería si la superficie absorbiese más rayos solares. Mucho
más alejada está la gran luna Tritón de Neptuno, que refleja tanta de
la poca luz que recibe que la temperatura de su superficie nunca llega
a alejarse de los −240 °C.

Sorprendentemente, muy cerca de la Tierra hay un mundo que
puede ser tan frío como Tritón. En 2009, el Orbitador de Reconoci-
miento Lunar de la NASA encontró evidencias de que unos cráteres
profundos del polo sur de la Luna se cuentan entre los lugares más fríos
del sistema solar.[2] Estos cráteres están a la sombra por partida doble, ya
que no solo están protegidos de la luz solar, sino también de fuentes
secundarias de calor, como la radiación solar que se refleja de zonas
cercanas iluminadas. Los cráteres que están doblemente a la sombra
presentan la profundidad suficiente como para que la luz del sol no
haya tocado su suelo desde hace miles de millones de años. En las esti-
gias profundidades de estos agujeros lunares helados la temperatura
puede mantenerse siempre alrededor de los −248 °C.

En el sistema solar solo hay un lugar que podría ser más frío. Mucho más allá de la órbita de Plutón se encuentra una región enorme y
más o menos esférica que alberga muchos miles de millones de cuerpos rocosos helados. Se trata de la Nube de Oort, bautizada en honor
al astrónomo neerlandés Jan Oort, el primero en proponer su existencia en 1950. Mientras que Plutón nunca se aleja del Sol una distancia
que supere la que existe entre la Tierra y el Sol multiplicada por 50
—o, en otras palabras, 50 «unidades astronómicas»—, el borde inter-
no de la Nube de Oort empieza en unas 2.000 unidades astronómicas.

---

* «Marte no es un lugar en el que criar a tus hijos»; cita extraída de la canción
Rocket Man de Elton John. (*N. de la T.*).

La distancia desde el Sol hasta el borde externo es incierta, pero podría alcanzar las 100.000 unidades astronómicas, o más de la tercera parte de la distancia hasta el vecino estelar más cercano del Sol. Al estar bañados únicamente por el tenue brillo de las estrellas, los muchos objetos solitarios que componen la Nube de Oort pueden alcanzar temperaturas de −268 °C.

Lo cierto es que en la inmensidad del universo hay un sinfín de lugares más fríos que los más gélidos del sistema solar. Por ejemplo, la nebulosa Boomerang. Situada a 5.000 años luz, en la constelación de Centauro, esta rutilante masa de gas se compone del material que liberó una estrella de masa similar a la del Sol hacia el final de su vida, al terminar las reacciones nucleares que se produjeron en su núcleo.

En 1995, los astrónomos Raghvendra Sahai y Lars-Åke Nyman utilizaron el Telescopio Submilimétrico Sueco-ESO de 15 metros, situado en Chile, para medir la temperatura de la nebulosa Boomerang.[3] Con sus −272 °C, resultó ser la más baja jamás tomada en el mundo natural. Es más baja que la temperatura media del universo en la actualidad (−270,4 °C), según dicen las medidas del fondo cósmico de microondas, es decir, el brillo de la radiación emitida por el Big Bang que se ha ido enfriando desde entonces y que todavía perdura. La nebulosa Boomerang lleva 1.500 años soltando gas a una velocidad de unos 140 kilómetros por segundo, un flujo que la ha ido refrigerando poco a poco en un proceso que podría equipararse a la evaporación del sudor de la piel.

La temperatura tiene que ver con el movimiento de las partículas —átomos o moléculas— que conforman una sustancia: cuanto más lento sea su movimiento, más baja será su temperatura. La temperatura más baja posible, al detenerse toda actividad molecular, se conoce como cero absoluto y corresponde a los −273,15 °C. La escala Kelvin, conocida con el nombre del físico escocés lord Kelvin (William Thompson), comienza desde 0 (0 K), con el cero absoluto.

A medida que los científicos fueron dándose cuenta de que existía una temperatura mínima definitiva, también empezaron a tratar de alcanzarla en sus laboratorios. Michael Faraday, quien para 1845 había logrado pasar a líquido muchos de los gases conocidos en su época, hizo los primeros intentos. Con una combinación de presión elevada e inmersión en una bañera de éter y hielo seco, batió el récord con una temperatura de −130 °C. Faraday creía que algunos gases como el oxígeno, el nitrógeno y el hidrógeno eran «permanentes» y no podían pasarse a una forma líquida, pero unas pocas décadas después se demostró que se equivocaba. En unas condiciones en las que la presión es lo suficientemente elevada y la temperatura es lo suficientemente baja, incluso los llamados gases permanentes podían convertirse en líquidos.

En 1877, Louis Cailletet, en Francia, y Raoul Pictet, en Suiza, produjeron las primeras gotitas de aire líquido a −195 °C. Seis años después, en Polonia, Zygmunt Wróblewski y Karol Olszewski licuaron el oxígeno a una temperatura de −218 °C. Los últimos que se resistían eran los gases más ligeros, el hidrógeno y el helio. El fisicoquímico escocés James Dewar licuó el hidrógeno en 1898, alcanzando así la temperatura más baja hasta la fecha con −252 °C. Su rival, el físico neerlandés Heike Kamerlingh Onnes, produjo el primer helio líquido en 1908 con una temperatura de −269 °C haciéndolo pasar por varias fases de preenfriamiento y un proceso conocido como el ciclo Hampson-Linde. Después de esto se superó a sí mismo y, al reducir la presión del helio líquido, alcanzó una temperatura todavía más baja, de cerca de 1,5 K. Se trataba de las temperaturas más bajas alcanzadas en la Tierra hasta entonces, y, por su pionero trabajo, Kamerlingh Onnes recibió el Premio Nobel de Física en 1913.

Cuando las temperaturas son muy bajas, las sustancias empiezan a mostrar unas propiedades asombrosas que no suelen verse, como la superfluidez (una fluidez sin fricción) y la superconductividad (la corriente eléctrica puede fluir sin encontrar resistencia alguna). Al estar a una fracción de un grado del cero absoluto, la materia también puede pasar por una extraña transición hacia lo que se conoce como el quinto estado de la materia, sumándose así a los estados sólido, líquido, gaseoso y plasmático. En este nuevo estado, conocido como condensado de Bose-Einstein, las partículas de la sustancia pierden su identidad individual y se comportan como una superpartícula única. Una de las razones principales por las que los científicos quieren alcanzar temperaturas cada vez más bajas es para explorar más detalladamente estos insólitos fenómenos.

Para acercarse tanto al cero absoluto, los físicos emplean toda una serie de técnicas novedosas y entornos inusuales. En 2014, los investigadores del Laboratorio Nacional de Gran Sasso, en Italia, enfriaron un contenedor que contenía un metro cúbico de cobre hasta 0,006 K (−273,144 °C) durante quince días, estableciendo así el récord de la temperatura más baja jamás alcanzada con un volumen de tal magnitud.[4] En 2018 se envió un instrumento llamado laboratorio de átomos fríos a la Estación Espacial Internacional. Esta herramienta aprovecha las condiciones de microgravedad de la Estación Espacial Internacional para mantener un condensado de Bose-Einstein a una temperatura de unas 100 milmillonésimas de un Kelvin (0,0000001 K) durante hasta diez segundos.[5] Con esta duración basta para que puedan llevarse a cabo experimentos sobre este nuevo estado e investigar así las leyes fundamentales de la física a la escala de la mecánica cuántica.

Desde 2021, el récord mundial de temperaturas bajas lo ostenta un equipo de investigadores de la Universidad de Bremen en Alemania.[6] Primero encerraron una nube de unos 100.000 átomos de rubidio en una cámara de vacío, y luego utilizaron lentes magnéticas para enfriar la cámara hasta las 2 milmillonésimas de un grado por encima del cero absoluto —lo que ya de por sí era un récord— y transformar el gas de rubidio en un condensado de Bose-Einstein.

En la segunda fase del experimento, colocaron la cámara en lo alto de la torre de caída de la Agencia Espacial Europea en el centro de investigación de microgravedad de Bremen. Durante la caída libre de la cámara a lo largo de los 120 metros de la torre, fueron apagando y encendiendo rápidamente un campo magnético. Cuando el campo magnético estaba activado, el gas de rubidio se contraía; cuando lo desactivaban, el gas se expandía. El propósito de ir apagando y encendiendo el campo magnético, combinado con las condiciones de microgravedad, era ralentizar el movimiento de los átomos de rubidio hasta llegar a casi detenerlos del todo. Durante unos dos segundos, el interior de la cámara fue el lugar más frío del universo conocido, a unas meras 38 billonésimas de un grado Kelvin por encima de los 0 K.

La cosa está que arde

No se puede bajar del cero absoluto, pero el calor no conoce límites. La temperatura mide la energía del movimiento de las partículas de una sustancia, y esa energía puede ser increíblemente elevada.

El récord oficial de la temperatura más elevada del aire en la Tierra es de 56,7 °C. Se midió el 10 de julio de 1913 en un lugar de nombre muy apropiado: el rancho de Furnace Creek, en Death Valley, California.* Furnace Creek también está a la cabeza de la temperatura del suelo más elevada con los 94 °C, casi al punto de ebullición, registrados el 15 de julio de 1972.

En el sistema solar solo hay dos planetas más calurosos que la Tierra. Mercurio, el más cercano al Sol, gira sobre su eje tres veces exactas cada dos órbitas, es decir, tres días cada dos años. Durante un día mercuriano, que desde que amanece hasta que anochece dura 176 días terrestres, la temperatura sube hasta unos 427 °C en el ecuador. Por la noche, la ausencia de atmósfera hace que la temperatura caiga rápidamente hasta unos −180 °C. Venus, el segundo planeta, está más o menos al doble de distancia del Sol que Mercurio, pero aun así consigue ser más cálido. Su densa atmósfera de dióxido de carbono actúa como un invernadero gigante que mantiene la superficie a la sofocante temperatura de al menos 462 °C, día y noche.

Se han descubierto miles de planetas alrededor de otras estrellas, y algunos de ellos presentan órbitas muy pequeñas y superficies extraor-

---

* En inglés, *furnace* significa «horno», mientras que «Death Valley» sería «el Valle de la Muerte». (*N. de la T.*).

dinariamente tórridas. A unos 1.400 años luz de distancia se encuentra la estrella WASP-12, de naturaleza parecida, pero algo más grande y brillante que el Sol. A su alrededor, a una distancia de apenas 3,5 millones de kilómetros, o una cuadragésima tercera parte de la distancia que separa a la Tierra del Sol, orbita un planeta cuya masa es aproximadamente 1,5 veces la de Júpiter. La órbita del WASP-12b es tan reducida que la fuerza de la gravedad de su estrella principal le ha dado al planeta una forma ahuevada y cada año le arranca 189.000 billones de toneladas de la atmósfera.[1] La propia sustancia del planeta también se está consumiendo lentamente a medida que su órbita decae y se acerca a la destrucción total, que le llegará en unos pocos millones de años.

Huelga decir que en el WASP-12b hace un calor demencial. El efecto calefactor de su estrella y el de las fuerzas de marea que distorsionan su forma conspiran para elevar la temperatura de la superficie hasta superar los 2.200 °C, suficientes para fundir hierro. Y, sin embargo, el WASP-12b no brilla como si estuviese hecho de lava, tal como cabría esperar. Todo lo contrario: su superficie negra y rica en carbono refleja apenas el 6 % de la luz que le llega, y de ahí que sea tan oscura como el asfalto.

Más cálido todavía que el WASP-12b —y, de hecho, el lugar más cálido que se conoce— es un mundo churruscado por los feroces rayos de una estrella de un tamaño más de dos veces el del Sol y varias veces su masa. El KELT-9 está a 670 años luz de la Tierra y emite un fulgor blanco debido a los 9.900 °C de su superficie, más de 4.000 grados por encima de la temperatura del Sol.[2] Imagina un mundo que está apenas a 5 millones de kilómetros de distancia de dicha estrella, es decir, diez veces más cerca que Mercurio del Sol. En el lado en el que es de día, el KELT-9b se asa a unos 4.300 °C, suficiente como para fundir todas las sustancias terrestres y hervirlas casi todas. Tanto calor hace en el hemisferio del KELT-9b que se encuentra permanentemente expuesto a su estrella que en la atmósfera hay hierro que se ha vaporizado de la superficie. Estamos hablando de un planeta que gana en temperatura a algunas estrellas.

Las estrellas más frías son las enanas rojas más pequeñas y ligeras, cuyas superficies a veces apenas llegan a los 1.800 °C. En el otro extremo están las llamadas estrellas Wolf-Rayet; de entre ellas, unas cuantas están cerca del fin de su vida y pronto explotarán como supernovas, mientras que otras son jóvenes en comparación, dentro del contexto estelar. No obstante, ambos grupos de estrellas Wolf-Rayet son enormes, muy brillantes y muy cálidas. La más caliente de todas es la WR 102, la cual está cerca del centro de la galaxia de la Vía Láctea y pertenece a una subespecie de estrellas Wolf-Rayet muy poco frecuente conocida como tipo WO, de las que solo se conocen diez. La WR 102 es la estrella más caliente descubierta hasta la fecha, con una temperatura de unos 210.000 °C en la superficie.[3]

Por dentro, las estrellas están mucho más calientes que sus capas externas. En el centro del Sol, las temperaturas de unos 15 millones de grados centígrados facilitan la fusión nuclear: los núcleos de hidrógeno chocan entre ellos con tal violencia que se combinan para formar núcleos de helio, lo cual libera cantidades inmensas de energía. Hacen falta este tipo de temperaturas, y otras más elevadas, para que la fusión sea un medio práctico para generar energía aquí en la Tierra.

Los primeros experimentos con la energía de fusión se llevaron a cabo en la década de 1950 con unos dispositivos a pequeña escala diseñados para explorar cómo se comporta el gas ionizado —el plasma— cuando se lo somete a temperaturas elevadas. Sin embargo, al avanzar hacia una fusión sostenida práctica, los físicos se enfrentaron a una dificultad enorme: ¿cómo podían contener una sustancia a millones de grados de temperatura durante el tiempo necesario como para extraer cantidades de energía útiles de ella? Se han probado varios planteamientos, entre ellos los reactores Tokamak, en los que un potente campo magnético contiene el plasma en un anillo en forma de rosquilla. Pero hasta los últimos años no hemos tenido al alcance el sueño de aprovechar el potencial de la energía de fusión.

En 2021, el Tokamak Superconductor Experimental Avanzado (EAST, por sus siglas en inglés) de China batió un nuevo récord de plasma supercalentado, manteniendo una temperatura de 120 millones de grados centígrados durante 101 segundos y un máximo de 160 millones de grados centígrados durante 20 segundos.[4] Se trata de una temperatura mucho más elevada que el centro del Sol, pero tiene que serlo porque la densidad del plasma no lo es tanto ni por asomo. El

truco consiste también en mantener temperaturas sumamente elevadas, de más de 150 millones de grados centígrados, durante períodos
largos de tiempo, para generar cantidades útiles de electricidad. En
cuanto a la duración, el EAST batió otro récord en 2021 al mantener
el plasma a 70 millones de grados centígrados durante más de 17 minutos y medio.

El 8 de agosto de 2021, los investigadores de la Instalación Nacional de Ignición (NIF, por sus siglas en inglés) del Laboratorio Nacional
Lawrence Livermore de California anunciaron que habían alcanzado
el tan perseguido estado de «ignición».[5] Por primera vez, los humanos
habían creado un sol artificial que se sostenía por sí solo; en otras palabras, que generaba más energía de la que recibía. En 2022, el Joint
European Torus (JET), cerca de Oxford, hizo un gran avance respecto de la cantidad de energía generada por medio de la fusión contro-
lada: 59 megajulios en un estallido de cinco segundos, equivalente a la
energía producida por 11 megavatios.[6] Si logramos dominarla, la fusión nuclear promete generar energía segura y en abundancia sin liberar gases de efecto invernadero ni ocasionar desechos radiactivos peligrosos.

Interior de la cámara del reactor del Joint European Torus (JET).

En la Tierra se han generado temperaturas mucho más elevadas que las de los reactores de fusión, pero solo durante breves instantes. En los aceleradores de partículas, los físicos hacen chocar algunos de los componentes más diminutos de la materia a unas velocidades que rozan la velocidad de la luz. Las colisiones momentáneas a unas energías tan elevadas dan lugar a unas temperaturas que no se han visto en el universo desde el Big Bang. De hecho, algunos de los experimentos llevados a cabo en colisionadores de gran energía son intentos de recrear las condiciones extremas que se dieron en los primeros instantes del cosmos.

En 2010, los investigadores del Laboratorio Nacional de Brookhaven, en Long Island, Nueva York, anunciaron que habían llevado a cabo el experimento más caliente del planeta. El propósito de la colaboración PHENIX en Brookhaven fue recrear el llamado «plasma de quark-gluones» que se cree que existió durante varias diezmillonésimas partes de un segundo tras el nacimiento del universo. Al lanzar átomos de oro los unos contra los otros a una velocidad cercana a la de la luz, estos científicos generaron un plasma de quark-gluones a una temperatura de 4 billones de grados centígrados. Pero ni siquiera este asombroso récord duró demasiado.[7]

En la frontera francosuiza, cerca de Ginebra, se encuentra el acelerador de partículas más grande de la historia, el Gran Colisionador de Hadrones. Entre sus muchos módulos se encuentra ALICE (Gran Experimento de Colisionador de Iones), un experimento que hace chocar iones de plomo entre ellos a un 99,9999 % de la velocidad de la luz para formar su propia versión del plasma de quark-gluones. En el congreso Quark Matter 2012, se anunció que el ALICE había superado incluso las temperaturas del PHENIX al alcanzar 5,5 billones de grados centígrados.[8]

Los experimentos que imitan el Big Bang están muy bien, pero si hablamos de lo más caliente del universo, a esto no le gana nadie: la temperatura más elevada que signifique algo, dado nuestro conocimiento actual de la física, es la temperatura de Planck. Se alcanzó durante 10 trillonésimas de segundo tras el surgimiento del universo, cuando la longitud de onda de la radiación térmica fue lo más corta posible según la ciencia de la que disponemos. Durante un instante brevísimo, la temperatura aumentó hasta lo más elevada que ha sido jamás: unos increíbles 1.400 billones de trillones de grados centígrados.

Las esferas

Los círculos perfectos existen, pero solo en las matemáticas. Las esferas perfectas existen, pero solo en el plano abstracto del pensamiento, donde todos los puntos de una superficie son perfectamente equidistantes del centro. El mundo real de la materia es desigual: se compone de muchas cositas, como los átomos y las partículas subatómicas, en lugar de ser liso hasta el infinito. Puede que la perfección esté fuera de nuestro alcance, pero los objetos sumamente redondos existen, tanto en la naturaleza como en el mundo de los artefactos.

La humanidad lleva miles de años creando objetos más o menos esféricos. Entre los más antiguos que se conocen están las esferas de piedra de distintos tamaños halladas alrededor del Egeo y el Mediterráneo. Los arqueólogos no están seguros de cuál fue su propósito concreto, pero han planteado que podrían haber servido como piedras para arrojar con un tirachinas, pelotas para lanzar o, en el caso de las pequeñas, piezas con las que llevar la contabilidad. En el yacimiento de la Edad de Bronce de Akrotiri, en la isla de Santorini, se encontraron cientos de piedras redondas de un tamaño no mucho mayor al de una canica. Tienen entre 3.600 y 4.500 años de antigüedad y, según se ha dicho, podrían ser las fichas de uno de los juegos de mesa más antiguos de la historia.

En la última década, los científicos han creado esferas artificiales de una precisión extraordinaria. Uno de los motivos que dio pie a estos ejemplos de redondez casi perfecta era la intención de redefinir el kilogramo, la unidad de masa fundamental del Sistema Internacional de Unidades. Durante muchos años, el kilogramo se definió como el equivalente exacto a la masa de un pequeño cilindro pulido compuesto de platino e iridio hecho en 1879. El llamado Prototipo Internacional del Kilogramo —también conocido como *Le Grand K*— se encontraba bajo tres campanas de cristal en una cámara climatizada en un suburbio parisino. En países de todo el mundo había decenas de copias casi idénticas del prototipo que servían como masa de referencia para la precisión de cada medida de masa o peso, ya fuese en toneladas y miligramos o en libras y onzas.

Pero entonces los científicos decidieron que hacía falta un estándar nuevo y más fiable. Una de las opciones propuestas fue crear el objeto más redondo jamás producido por la humanidad. El Centro Australiano para la Óptica de Precisión asumió el reto y produjo una bola de menos de 10 centímetros de diámetro y que entonces valía más de un millón de euros, hecha a partir de un único cristal de átomos de silicio-28.[1] Su superficie está tan libre de imperfecciones que, si la Tierra fuese igual de lisa, la diferencia de altura entre la montaña más alta y la fosa oceánica más profunda sería de menos de 5 metros.

Solo existe un grupo de esferas artificiales de forma más perfecta que el orbe de silicio-28. Se trata de las que se construyeron para viajar en la nave espacial Gravity B de la NASA, la cual se lanzó en 2004 para poner a prueba la teoría de la relatividad de Einstein con una precisión exquisita. En esta misión, cuatro esferas de 3,8 centímetros de ancho y hechas de cuarzo fundido sirvieron como rotores giroscópicos.[2] Su desviación de la esfericidad perfecta es de menos de 2 diezmillonésimas de su diámetro, o, lo que es lo mismo, el ancho de unas pocas moléculas. A escala terrestre, la diferencia máxima traducida en la altura de accidentes topográficos sería de tan solo 1,5 metros.

Para encontrar algo más impecablemente redondo que esto tenemos que irnos de la Tierra. Pero, antes de asomarnos a las profundidades extremas del espacio interestelar en busca de la esfera natural más perfecta de todas, echemos un vistazo rápido a nuestro propio sistema solar. En las fotos, la Tierra parece bastante redonda, pero en realidad sobresale un poco en la zona del ecuador. Es fácil ver que Júpiter y Saturno están un poco achatados, lo cual se debe a dos razones: están hechos principalmente de gas y giran a gran velocidad. Júpiter es once veces más ancho que la Tierra y aun así rota sobre su eje en menos de diez horas. Saturno gira un poco más despacio, pero, al

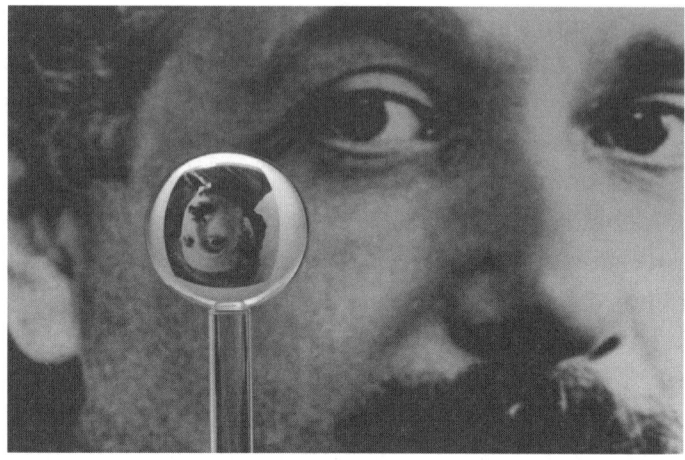

En su momento, los giroscopios de cuarzo fundido de la sonda Gravity Probe B eran las esferas artificiales más cercanas a la perfección jamás hechas. No más de 40 átomos de exceso de grosor es lo único que las separa de ser una esfera perfecta. Una de ellas aparece refractando una imagen de Albert Einstein.

ser menos denso, está más aplanado porque su aceleración rotacional hace desaparecer una mayor proporción de la gravedad del planeta en el ecuador. Su diámetro polar mide solo el 90 % del diámetro ecuatorial.

El Sol también es una bola de gas, de forma que podríamos esperar ver cierto abultamiento en su ecuador mientras gira. Y aun así, sorprendentemente, las medidas que el Solar Dynamics Observatory de la NASA tomó en 2011 revelaron que el diámetro ecuatorial del Sol es un mísero 0,0003 % más grande que su diámetro polar.[3] Incluso teniendo en cuenta el hecho de que el Sol rota despacio, más o menos una vez al mes, a los científicos les sorprendió descubrir que es una esfera perfecta en un 99,9997 %. Si lo redujésemos al tamaño de una pelota de baloncesto, el Sol sería más ancho en el ecuador que de polo a polo por apenas un cabello humano. Por qué el Sol se acerca tanto a ser perfectamente redondo sigue siendo un misterio.

Pero una cosa es segura, y es que de entre los incontables billones de estrellas del universo, el Sol no es un caso único o ni siquiera inusual. Tiene que haber muchos ejemplos de estrellas que igualen o superen la redondez del Sol. La dificultad radica en demostrarlo cuando los objetos en cuestión están tan alejados que parecen puntitos de luz, incluso a través de los telescopios más grandes. Por suerte, no siempre hace falta ver la forma de un objeto para poder saber cómo es.

Veamos un ejemplo: la KIC 11145123 es una estrella blanca que se encuentra a unos 3.900 años luz de la Tierra. Resulta inusual porque, aunque es el doble de grande que el Sol, gira tres veces más despacio. En 2021, un grupo de astrónomos encabezado por Laurent Gizon, del Instituto Max Planck para la Investigación del Sistema Solar y la Universidad de Gotinga, examinó la estrella KIC 11145123 usando una técnica llamada astrosismología. Las estrellas presentan unas débiles oscilaciones, como las vibraciones del aire que dan pie al sonido o las ondas estacionarias que genera el punteo de una cuerda de un instrumento musical. Estas oscilaciones se pueden estudiar para saber más sobre el interior de las estrellas, y también dan a conocer cuánto se desvía una estrella de ser una esfera perfecta. Pues resulta que la KIC 11145123 es aún más redonda que el Sol; de hecho, es el objeto natural más redondo que se ha encontrado hasta la fecha.[4] La estrella en su conjunto mide unos 1,5 millones de kilómetros, pero la diferencia entre sus radios ecuatorial y polar es, increíblemente, de tan solo 3 kilómetros.

La reina de las esferas naturales sigue esperando que la descubran, pero una candidata muy potente es el tipo de estrella más pequeño y condensado de todos: la estrella de neutrones. La extrema fuerza gravitatoria de una estrella de neutrones tiene el potencial de crear la esfera más cercana a la perfección, si no fuese porque muchos de estos objetos giran a una velocidad de infarto. La estrella de neutrones del centro de la nebulosa del Cangrejo, por ejemplo, gira sobre su eje al vertiginoso ritmo de más de 30 veces por segundo.

Pero, a medida que las estrellas de neutrones envejecen y pierden energía, su índice de rotación disminuye. En principio, eso debería permitir que su autogravedad ejerza la fuerza necesaria como para que sus contenidos generen una forma esférica cada vez más cercana a la perfección. En 2020, un grupo de astrónomos anunció el descubrimiento de la PSR J0901-4046, una estrella de neutrones de 5,3 millones de años que tarda 76 segundos —tres veces más que su rival más cercana— en dar una vuelta entera. Sus propiedades, entre ellas su emisión de radio, la cual por alguna misteriosa razón solo es detectable durante el 0,5 % de cada rotación, suponen todo un desafío res-

pecto de lo que sabemos sobre cómo evolucionan las estrellas de neutrones.

Otra aspirante al título de «esfera natural más perfecta» se conoce
con el nombre de 1E 161348-5055. Se encuentra en el corazón de los
vestigios de una supernova a 10.000 años luz de distancia y es, con
mucho, la estrella de neutrones que más despacio gira de entre todas
las que se conocen, con una duración de 6,7 horas. Teniendo en cuenta que solo tiene unos 2.000 años, resulta desconcertante que gire a un
ritmo tan lento.[5] Pero, al margen de eso, y si la 1E 161348-5055 es lo
que parece ser —una bola de neutrones de unos 20 kilómetros de
ancho que gira a un ritmo tan pausado—, bien podría ser la esfera más
perfecta que nos ofrece el universo. La diferencia entre sus diámetros
ecuatoriales y polares puede ser tan pequeña como el ancho de un
único protón.

9

Pelotas y más pelotas

En la película de 1997 *Flubber*, el profesor Philip Brainard, interpretado por Robin Williams, crea una sustancia viscosa de color verde increíblemente elástica y que rebota una barbaridad. El robot asistente de Brainard describe la sustancia como una «goma voladora», y el profesor la bautiza como «*flubber*».* Una de sus fantásticas propiedades es que su velocidad aumenta cada vez que choca con algo, lo cual hace que sea difícil de controlar.

En el mundo real, es imposible que existan ni *flubber* ni nada que se le parezca. Ninguna sustancia puede ganar energía a partir de un rebote, ya que de lo contrario podríamos utilizarla para crear una máquina de movimiento perpetuo o generar cantidades ilimitadas de energía libre, el tipo de extravagancias que la física, sencillamente, no tolera.

Un factor clave que ocurre cuando un objeto rebota contra otro es una cantidad llamada coeficiente de restitución, correspondiente al símbolo *e*, que se define como la ratio entre las velocidades relativas iniciales y finales antes y después de una colisión. Isaac Newton dio con la explicación matemática en el siglo XVII, y el resultado suele conocerse como coeficiente de restitución.

En el caso de *flubber*, *e* sería mayor que 1. Pero dado que vivimos en el universo real y no en una aventura de ciencia ficción hollywoodiense, el valor máximo posible de *e* es 1, y eso si damos por hecha una

---

* En la traducción al español se pierde la idea de que «*flubber*» corresponde a la combinación de las palabras «*flying*» y «*rubber*». (*N. de la T.*).

colisión perfectamente elástica. En realidad, en todas las situaciones prácticas, es inevitable perder cierta energía cinética —del movimiento— cuando algo choca con otro algo, lo que resulta en una colisión inelástica en la que *e* es inferior a 1.

Cuando pensamos en rebotes, lo primero que nos viene a la cabeza es una pelota. El concepto mismo de la pelota, ya sea para jugar o practicar un deporte, se basa en el hecho de que rebota de una forma bastante predecible cuando golpea o es golpeada por una superficie. No todas las pelotas rebotan, pero las que sí lo hacen están hechas de algún material elástico para mantener gran parte de su inercia y energía cinética tras el rebote.

El primer uso de una goma natural se remonta más de 3.500 años atrás, a la cultura olmeca que vivió en lo que hoy es México. Esta goma, hecha del látex extraído del árbol del caucho, se utilizaba para hacer los balones para el juego de pelota mesoamericano, o *ōllamaliztli*, tal como lo llamaban los aztecas, un deporte con asociaciones rituales que lleva jugándose como mínimo desde el año 1650 a. e. c.

En la década de 1930, Spalding, un fabricante de artículos deportivos estadounidense ubicado originalmente en Chicago, empezó a producir su Hi-Bounce Ball, parecida a una pelota de tenis, pero sin el fieltro peludito que la recubre, y de color rosa. Si alguien la soltaba desde la altura de los ojos, rebotaba más o menos la mitad de su altura total. Recibió los sobrenombres de «Spaldeen» o «Pensie Pinkie», y su práctico tamaño, ligereza y capacidad de rebotar le granjeó una popularidad inmensa para los juegos urbanos infantiles, como el Stickball, una versión callejera del béisbol.

A mediados de la década de 1960 surgió otra revolución recreativa con la aparición de la primera Superball. Me recuerdo, con once o doce años y un poco empollón, totalmente fascinado por la increíble vitalidad de aquellas pelotas, sobre todo cuando las lanzabas con todas tus fuerzas contra el suelo o una pared. Era como si detrás de aquello hubiese algo más que simple ciencia. De hecho, el secreto de la Superball era un tipo nuevo de goma sintética inventada por Norman Stingley, un químico de la Bettis Rubber Company de Whittier, California.[1] Mientras experimentaba durante su tiempo libre, mezcló el polímero sintético polibutadieno con sílice hidratada, óxido de zinc, ácido esteárico y otros ingredientes. Entonces comprimió el mejunje resultante bajo una presión de 24 MPa y vulcanizó el compuesto con sulfuro a 165 °C.

Stingley vio en ese mismo momento que aquello no era cualquier cosa, y que la extraordinaria capacidad de rebotar de esta nueva goma tenía potencial recreativo. Así que llevó su invento ante Dick Knerr y Arthur «Spud» Melin, propietarios de Wham-O Inc., una empresa que tenía la reputación de fabricar juguetes creativos a partir de inventos rocambolescos y a menudo accidentales. Y, cómo no, Knerr y Melin vieron que la sorprendente sustancia de Stingley tenía futuro y le pidieron que volviese al laboratorio a darle unos retoques finales. El material terminado, al que Stingley llamó Zectron, era negro y se fabricaba en esferas de tamaño bolsillo de algo menos de 5 centímetros de diámetro. La Superball, «hecha del increíble Zectron», tal como se anunciaba, tuvo un éxito arrollador que generó hasta 20 millones de ventas para Wham-O entre 1965 y 1970.

Wham-O afirmaba que, si las dejabas caer desde la misma altura, la Superball rebotaba seis veces más que una pelota de tenis. Si se lanzaba con la fuerza suficiente contra el suelo, podía rebotar y saltar por encima de un edificio de tres pisos; toda una ganga por 98 centavos. La Superball perdía solo el 10 % de altura tras cada rebote, lo que le daba un impresionante valor de e de aproximadamente 0,9.

Pero lo que bota todavía más —al menos según su fabricante, Maui Toys— es la Skyball. Es mucho más grande que la Superball, con un diámetro de 10 centímetros, en su interior contiene una mezcla de helio y aire comprimido, y los anuncios dicen que es capaz de botar 23 metros hacia arriba.

Tendemos a pensar que los materiales que rebotan son elásticos y mullidos, y que, si no son de goma, al menos tendrán una consistencia parecida. Pero lo cierto es que hay sustancias sorprendentemente elásticas a pesar de ser enormemente rígidas. Una bola de vidrio, por ejemplo, rebotará más que una pelota de goma del mismo tamaño, siempre y cuando no se rompa. Si lanzas al suelo una bola de acero como las de los rodamientos de bolas, también rebotará más que una pelota de goma.

Las razones de seguridad por las que no utilizamos proyectiles de vidrio o metal en los juegos pelota son evidentes, pero, en cuanto a su capacidad de botar, a veces salen ganando por la física que las acompaña. Si sueltas una pelota, solo rebotará bien si recibe la mayor parte de la energía que imparte temporalmente contra la superficie. En el caso de una pelota de goma, se comprime y se deforma antes de recuperar la forma original, lo cual requiere mucha energía. En cambio, las bolas rígidas, como las que están hechas de vidrio o de metal, apenas cambian de forma, así que la mayor parte de la energía del impacto se retiene en el rebote. Por supuesto, el comportamiento de la superficie impactada también es un factor muy importante. Una bola de acero, por ejemplo, no rebotará bien contra una superficie blanda como la hierba porque pierde casi toda su energía cinética al deformar la superficie.

Una de las sustancias más duras y al tiempo más elásticas que conocen los científicos hasta la fecha responde al nombre tan habitual de SAM2X5-630. Es un material extraño, parecido al vidrio, más resistente que el acero, pero compuesto internamente por átomos desordenados como ocurre en el caso del vidrio.[2] La SAM2X5-630 pertenece a una familia de sustancias llamadas vidrios metálicos masivos, cuyas extraordinarias propiedades apenas se están empezando a explotar en los procesos de fabricación. Un teléfono hecho de este tipo de material sería lo bastante resistente como para aguantar una caída desde lo alto de un edificio de tres pisos y rebotaría lo suficiente como para prácticamente volver a tu mano. La superficie de contacto de los palos de golf hechos de vidrio metálico masivo permitiría lanzar las pelotas más lejos, mientras que una nave espacial cuya superficie externa hubiese sido revestida de este tipo de material podría redirigir cualquier escombro que impactase contra ella.

10

¿Cuántos teslas tienes?

Los imanes pueden tener una potencia sorprendente. Si sostienes un imán para niños sobre un clip encima de una mesa, el clip saltará y se pegará al imán. Lo que eso quiere decir es que la fuerza ascendente del imán que actúa sobre el clip es más fuerte que el total de la fuerza descendiente que ejerce la gravedad terrestre al intentar mantener el clip sobre la mesa.

La Tierra cuenta con su propio campo magnético. Surge de los movimientos del interior del núcleo líquido de níquel y hierro de nuestro planeta, y es lo que mueve las agujas de las brújulas y actúa como escudo protector contra las partículas con mucha carga energética que proceden del Sol. Pero, en la superficie, el campo magnético de la Tierra es bastante débil, hasta el punto de que incluso un imán pequeño es mucho más fuerte en las distancias cortas y basta para hacer girar la aguja de una brújula.

La fuerza de un campo magnético se mide en teslas (T), en honor al ingeniero eléctrico serbio-estadounidense Nikola Tesla. Esta unidad es en realidad muy grande, y la fuerza de la mayoría de los imanes corrientes, ya sean naturales o artificiales, se miden en pequeñas fracciones de un tesla. Por ejemplo, en la superficie, la fuerza del campo magnético terrestre varía entre 30 microteslas (millonésimas de un tesla) en el ecuador y unos 65 microteslas en el norte y sur de los polos geomagnéticos. Estamos hablando de una fuerza similar a la del campo magnético que atravesarías al caminar por debajo de un cable de alto voltaje.

El magnetismo se descubrió originalmente, hace ya miles de años, gracias a los minerales magnéticos por naturaleza. El más común y conocido de ellos es la calamita, una magnetita magnetizada, que es una forma de óxido de hierro. Varios otros minerales que contienen sobre todo hierro reaccionan a la atracción de los imanes, pero solo unos pocos, como la calamita, resultan ser magnéticos por sí solos.

Los imanes permanentes como los que podemos pegar en el frigorífico crean un campo magnético persistente. Los hay de varias formas, como barras, anillos o herraduras, y están presentes en todo tipo de dispositivos, desde los auriculares hasta los coches. El tipo de imán más conocido está hecho de ferrita, un material cerámico que surge de la mezcla de óxido de hierro con pequeñas cantidades de otros metales, como el níquel y el manganeso. El imán de nevera típico tiene una fuerza de unos 5 militeslas, o 5 milésimas partes de un tesla.

Los imanes permanentes más potentes están hechos de una aleación de neodimio (una tierra rara), hierro y boro.[1] Los imanes de neodimio, desarrollados de forma independiente y más o menos a la vez en 1984 por General Motors y Sumitomo Special Metals, son capaces de producir un campo magnético de hasta 1,25 T cerca de su superficie. Esta imponente fuerza los ha llevado a sustituir otros tipos de imanes permanentes en una amplia gama de aplicaciones, desde los discos duros de los ordenadores hasta los altavoces de los teléfonos móviles, pasando por las herramientas eléctricas inalámbricas. También han inspirado nuevos usos como los kits de construcción magnéticos para niños. Pero lo cierto es que, en las distancias cortas, su inmensa fuerza puede ser peligrosa para la salud.

Los imanes de neodimio de tamaños superiores a unos pocos centímetros cúbicos tienen la potencia suficiente como para destrozar las partes carnosas del cuerpo o romper los huesos que queden atrapados entre dos de ellas. Ha habido casos en los que niños pequeños se han tragado varios imanes y han sufrido lesiones cuando alguna sección del aparato digestivo ha quedado sellada por los efectos de los imanes.

En 1820, el científico danés Hans Christian Ørsted descubrió que las corrientes eléctricas generan campos magnéticos. Cuatro años después, el físico inglés William Sturgeon inventó el electroimán. Su primer intento consistió en una pieza de hierro barnizada y con forma de herradura envuelta de un alambre de cobre. Cuando la corriente pasaba por el alambre, el hierro, que estaba aislado del alambre gracias a la capa de barniz, se magnetizaba. Cuando se detenía la corriente, perdía la magnetización de inmediato. El electroimán original de Sturgeon era relativamente débil, pero no dejaba de ser capaz de levantar veinte veces su peso.

Hoy, los electroimanes de distintos tipos son los imanes más potentes de los que disponemos, y admiten una amplia gama de aplicaciones. Son un componente esencial de los sistemas de imágenes por resonancia magnética, donde generan campos de hasta 3 T. Estas máquinas, a diferencia de las radiografías, no exponen al paciente a radiación, lo que las hace completamente seguras en este sentido. El único riesgo que implican aparece en el caso de que el paciente lleve algo que contenga hierro u otros metales que puedan magnetizarse en el cuerpo. Por ejemplo, de ninguna manera deberías meterte en un aparato de resonancia magnética si llevas un marcapasos, un implante coclear o cualquier otro tipo de implante que contenga hierro.

Es muy poco frecuente que el uso de máquinas de resonancia magnética provoque accidentes. Normalmente, lo peor que puede pasar es que el paciente sienta cierta quemazón, por ejemplo si lleva tatuajes, ya que a veces la tinta puede llevar óxidos de hierro. Los incidentes mortales son casi inexistentes. Uno de ellos ocurrió en 2018 en Bombay, en la India, cuando un hombre fue succionado por una máquina de resonancia magnética mientras visitaba a un familiar en el hospital. Un trabajador con poca experiencia le había pedido que llevase un cilindro metálico de oxígeno, y le aseguró que la máquina estaba apagada, cuando en realidad no lo estaba. La máquina tiró de la víctima, quien colisionó contra el lateral de la máquina, y el tanque que llevaba se rompió. Falleció por haber inhalado el oxígeno líquido que se derramó.

Algo que no suele saberse es que casi todo —y no solo el hierro y algunos otros elementos metálicos y tierras raras— da lugar al magnetismo. No estamos hablando del tipo de magnetismo potente, llamado ferromagnetismo, que todos conocemos. El campo sumamente débil que producen la mayoría de los objetos, incluidos nuestros cuerpos, se conoce como diamagnetismo. Su existencia hace que, ante un imán lo bastante potente, pueda generarse una interacción con el débil campo diamagnético del objeto. En 1997, unos científicos utilizaron este principio para hacer levitar a una rana.[2] Colocaron al confiado anfibio en un campo magnético muy potente, de 16 T, y lo hicieron flotar en el aire unos centímetros. Aunque sin duda se quedaría anonadada ante su capacidad temporal de desafiar a la gravedad, aquella aventura aérea no pareció ocasionarle ningún efecto duradero a la rana.

Todos los campos magnéticos artificiales de gran potencia actuales, incluido el del experimento de la rana levitante, se generan con unos electroimanes que utilizan superconductores. Se trata de materiales por los que puede pasar una corriente eléctrica sin ningún tipo de resistencia. Los imanes superconductores consisten en un alambre de un material como el niobio-titanio o el niobio-estaño que se enrolla dentro de una bobina. Entonces la bobina se enfría a temperaturas muy bajas con helio o nitrógeno líquidos para que el material se vuelva superconductor. Cuando se transmite una corriente a través de la bobina, se crea un campo magnético muy potente.

Entre sus muchas aplicaciones, los electroimanes superconductores desvían la trayectoria de las partículas cargadas en los aceleradores de gran energía. En una prueba, un imán de demostración, que había sido diseñado y construido por un equipo del Fermilab del Departamento de Energía, cerca de Chicago, alcanzó una fuerza de campo de 14,5 teslas correspondientes al imán que dirigía el acelerador. Y en experimentos de laboratorio se han generado campos todavía más potentes.[3]

En 1999, los científicos del Laboratorio Nacional de Alto Campo Magnético de Estados Unidos, también conocido como MagLab, situado en Tallahassee, Florida, hicieron pasar unas corrientes eléctricas muy intensas por unas bobinas hechas de un semiconductor de cuprato en el que se alternan capas de óxido de cobre con capas de óxidos de otros metales.[4] Su equipo, conocido como un imán híbrido, incluía también un segundo componente llamado imán Bitter hecho de placas metálicas circulares conductoras y separadores aislantes organizados siguiendo un patrón helicoidal. Cada una de estas dos maneras de generar un campo magnético tiene sus desventajas: los imanes superconductores requieren poca energía, pero la fuerza máxima del campo magnético tiene un límite; los imanes Bitter, por su parte, consumen mucha energía, pero pueden generar unos campos más potentes. Al combinarlos, contrarrestan mutuamente sus puntos débiles hasta cierto punto, permitiendo así la generación de campos estables y de gran potencia. El equipo del MagLab generó un campo de 45 T, un récord que en 2022 les arrebataron por un pelo los físicos del Centro de Alto Campo Magnético Estable de Hefei, en China, quienes utilizaron su sistema híbrido para alcanzar los 45,22 T.[5] Estamos hablando de un campo magnético 1,5 millones de veces más potente que el campo magnético terrestre en el ecuador. Los imanes pulsados pueden generar campos más fuertes, pero solo llegan a mantenerlos durante una fracción de segundo.

En teoría, la potencia de los campos magnéticos no tiene límites. Ahora bien, los imanes artificiales se enfrentan a un obstáculo. Una carga eléctrica que avanza por una línea de un campo magnético se mueve en espiral y se va alejando de las regiones en las que se amontonan las líneas del campo magnético. Cuanto más potente sea el campo magnético, más rápido y tenso será el movimiento en espiral de la carga, y más se alejará de las regiones de gradiente de campo magnético elevado. En la Tierra, todo lo que nos rodea está hecho de átomos que contienen partículas cargadas, es decir, protones y electrones. Por eso, si los campos magnéticos son lo bastante potentes, pueden deformar e incluso destruir objetos cotidianos. El límite está en unos 50 T: una máquina capaz de generar un campo magnético continuo de cualquier potencia superior a los 50 T haría cualquier cosa añicos, incluyéndose a sí misma.

No obstante, estos límites no afectan a los objetos que no están hechos de materia normal y corriente. Al final de su vida, cuando una estrella masiva explota, puede dar lugar a un objeto increíblemente denso llamado estrella de neutrones. Todas las estrellas de neutrones tienen campos magnéticos fuertes de al menos 10.000 teslas, pero algunas, conocidas como magnetares, tienen los campos magnéticos considerados más potentes del universo. La fase de magnetar solo dura unos 10.000 años, pero, durante ese tiempo, la fuerza del campo en la superficie de este cuerpo tan denso puede alcanzar los 100 millones de teslas, un billón de veces más potente que el campo que rodea la Tierra.

Alto ahí

El cubo, de unos 10 centímetros de ancho, resplandece con un brillo entre amarillo y naranja. Lo acaban de sacar de un horno a 1.200 °C, una temperatura que bastaría para fundir cobre u oro. Solo que ahora, apenas unos segundos después, la persona que está haciendo la demostración está cogiendo el objeto luminoso con las manos desnudas y enseñándoselo al sorprendido público. ¿Cómo es posible coger con las manos un objeto que está a una temperatura mucho mayor que el elemento más caliente de un horno eléctrico sin quemarse?

El cubo de esta demostración está hecho de LI-900, el mismo material que se usó para hacer las piezas que recubrían buena parte del Space Shuttle y lo protegieron del calor al volver a entrar en la atmósfera terrestre.[1] La mayor parte del armazón del Shuttle era de aluminio, un material resistente y ligero, pero que empieza a ablandarse a partir de unos meros 175 °C. Esta capa de piezas garantizaba que casi nada del calor que genera la fricción con la atmósfera llegase al armazón y lo debilitase.

El LI-900 es un aislante térmico sumamente eficiente. Dicho de otra forma, es un conductor térmico nefasto: apenas transmite calor, y por eso se puede coger con las manos incluso después de haber estado expuesto a temperaturas muy elevadas. Está compuesto casi íntegramente de fibras de sílice y aire. Las fibras de sílice son unos filamentos largos y finos de silicato de sodio. En las piezas del Shuttle, solo el 6 % del volumen lo ocupan las fibras, mientras que el resto es aire para minimizar el peso.

La conductividad térmica se mide en unidades de vatios por metro-kelvin (W/m·K): cuanto más baja sea la cifra, menos calor podrá atravesar la sustancia. Los metales están entre los mejores conductores del calor. El oro está en 315 W/m·K y la plata en 429 W/m·K. Pero ambos enseguida se quedan atrás si los comparamos con el diamante, el cual, además de ser el material más duro del planeta, también presenta la conductividad térmica más elevada de cualquier sustancia: entre 2.000 y 2.500 W/m·K, según la pureza de la piedra.

En el otro extremo de la escala tenemos al aire, con una conductividad térmica de apenas 0,024 W/m·K. Por eso algunos de los mejores materiales aislantes contienen grandes espacios llenos de aire. Para evitar que el calor salga de nuestras casas, solemos aislar el desván con rollos de fibra de vidrio, lana mineral o fibras naturales como la lana de oveja. Entre los mejores aislantes térmicos están los que llevan millones de años evolucionando para abrigar a los animales: el pelo de los mamíferos y las plumas de las aves, que atrapan bolsas de aire en su interior. Pero el mejor aislante térmico de todos es una sustancia artificial.

Tal como su nombre indica, el aerogel es una combinación de gel y aire o algún otro gas. Por lo general, los geles son principalmente líquidos, pero se comportan como sólidos a causa del entrecruzamiento tridimensional de sus moléculas. En el aerogel, el gel se sustituye por un gas al tiempo que se deja intacta la estructura del gel. El tipo más común, el gel de sílice, ofrece una conductividad térmica extraordinariamente baja, desde unos 0,03 W/m·K bajo la presión atmosférica hasta 0,004 W/m·K en el vacío. Es traslúcido y muy ligero, y de ahí que se haya ganado el nombre de «humo helado», aunque también es sorprendentemente resistente, capaz de aguantar objetos miles de veces más pesados.

Suele ocurrir que las sustancias que aíslan bien en un sentido también lo hacen en otro. El vidrio, por ejemplo, es un buen aislante térmico y un buen aislante eléctrico. Y pasa lo mismo con la mayoría de los materiales; o bien conducen bien el calor y la electricidad, o bien aíslan bien de ambos. El factor común es la disponibilidad de electrones libres, es decir, electrones que no están unidos a átomos o moléculas y que por eso pueden moverse libremente. La electricidad surge debido a una corriente de electrones con carga negativa, pero lo que a menudo no se tiene en cuenta es que el movimiento de los electrones también desempeña un papel destacado en la conducción del calor a través de un sólido, como por ejemplo un metal.

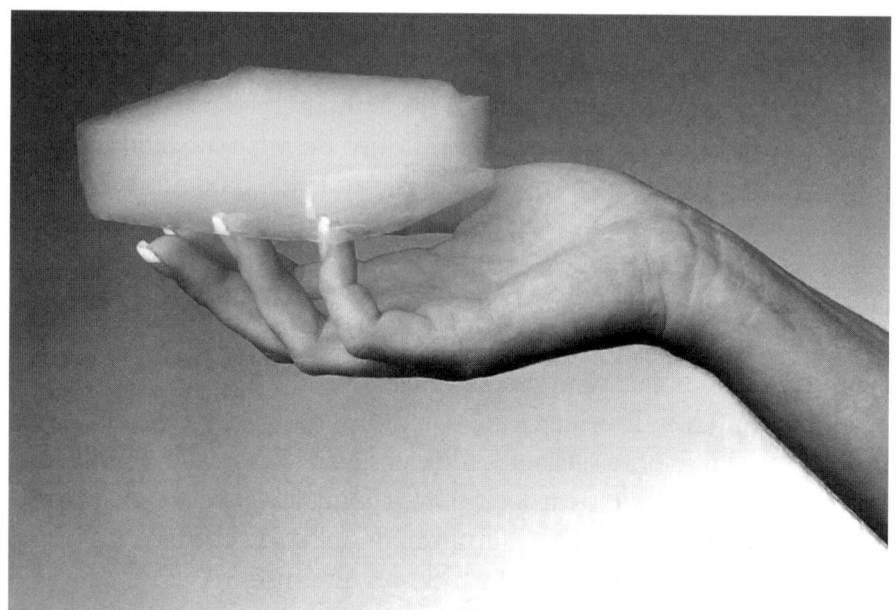

Un bloque de aerogel de sílice.

La conductividad eléctrica se mide en algo llamado siemens por metro (S/m): cuanto más elevado sea el número, mejor se le dará a la sustancia permitir el flujo de la electricidad. La plata tiene la conductividad eléctrica más elevada de todos, con una puntuación de $6,3 \times 10^7$ S/m, seguida muy de cerca por el cobre, con una conductividad de $5,96 \times 10^7$ S/m. El cobre es mucho más barato que la plata, lo cual explica por qué se usa en la mayoría de los cableados eléctricos.

Todo el mundo sabe que el agua y la electricidad forman una pareja peligrosa. Si se acerca una tormenta, la piscina no es el mejor sitio al que ir, y es mejor evitar cualquier enchufe que esté húmedo. Pero lo cierto es que el agua pura funciona muy bien como aislante eléctrico. Lo que hace que la mayor parte del agua que nos rodea, desde la que bebemos hasta la del mar, sea buena conductora no es el agua en sí misma, sino las varias sales y otras sustancias que se encuentran disueltas en ella. El agua marina es la más conductora de todas porque es rica en cloruro de sodio y otras sales. Pero lo curioso es que es menos probable que te electrocutes si cae un rayo en el mar que en una piscina o una bañera. Esto es así porque el agua del mar es tan eficiente a la hora de conducir la electricidad que la corriente eléctrica, que siempre escoge el camino de menor resistencia, puede ignorar el cuerpo humano que se encuentra en el agua para seguir una vía más eficiente, que en este caso serán las partículas cargadas de las sales disueltas.

El aire es un aislante eléctrico maravilloso que solo conduce si un voltaje alto le obliga a hacerlo. Hacen falta varios miles de voltios para que una chispa salte una distancia de más o menos un milímetro. Un relámpago típico crea una vía conductora desde la nube hasta el suelo, pero descomponer el aire a lo largo de una distancia tan extensa como esta exige el descomunal orden de 300 millones de voltios.

Los plásticos, la goma y la madera son otros ejemplos de materiales que aíslan bien contra el calor y la electricidad. Pero hay una excepción que llama mucho la atención respecto del vínculo entre la conductividad térmica y la eléctrica. Como ya hemos visto, el diamante es el mejor conductor térmico de entre todas las sustancias naturales, pero como aislante eléctrico ya no es tan bueno. Para explicarlo, tenemos que bajar al nivel molecular. Los diamantes están hechos de unos átomos de carbono unidos entre sí gracias a unos vínculos muy fuertes que implican electrones compartidos. Esta estructura molecular tan rígida es muy efectiva a la hora de transmitir vibraciones que llevan energía térmica, pero la ausencia de electrones libres hace que la electricidad no pueda fluir a través de ellos. En cambio, otra forma de carbono, el grafito, sí contiene electrones libres, y por eso es un buen conductor térmico y eléctrico.

El sonido es otro fenómeno que puede atravesar distintos materiales con mayor o menor facilidad. Como regla general, las sustancias más densas, como los metales y el hormigón, son los que mejor conducen los sonidos. La mayor parte del sonido que oímos se desplaza por el aire para llegarnos a los oídos, y por eso pensamos que el aire es un portador normal —y, por tanto, efectivo— de ondas sonoras. Pero lo cierto es que el aire es mal conductor de sonido, como también lo son muchos materiales que contienen abundantes bolsas de aire, como la espuma, la lana mineral, el cartón, las plumas y el corcho. Los buenos aislantes térmicos suelen ser también buenos aislantes acústicos, y todo gracias a su baja densidad.

El sonido necesita contar con un medio de un tipo u otro por el que viajar, ya que surge de las oscilaciones de los átomos y las moléculas. Si no hay materia, el sonido no da un paso más; por eso, el vacío es el aislante acústico perfecto.

La persistencia del sonido

A unos 15 kilómetros de donde vivo se encuentra la localidad de Cupar, en Fife, Escocia. La estructura más alta es un silo de hormigón de 60 metros, construido originalmente en 1964 como depósito para la fábrica de azúcar de remolacha que hay justo al lado. Como ahora está vacío, el silo de Cupar fue el lugar elegido para un experimento en 2014 con el que se pretendía explorar la propiedad más particular de la construcción: su cavernoso interior cuenta con un tiempo de reverberación extraordinariamente prolongado, de 36,5 segundos.[1]

El tiempo de reverberación hace referencia a cuánto tarda el sonido en desaparecer en un espacio interior después de que la fuente del sonido se haya detenido. Para que se pueda usar como medida estándar, se define como el tiempo que tarda un sonido en caer 60 decibelios por debajo del nivel original. Imagina dar una palmada y seguir oyendo un rastro débil del sonido pasado más de medio minuto. Las propiedades acústicas extremas del silo de Cupar son un artefacto accidental de sus dimensiones internas, su forma y sus paredes de hormigón reflectivas. Pero no es el único lugar altamente reverberante. Las cuevas, las catedrales y las fábricas abandonadas son otros espacios en los que el sonido puede rebotar muchas veces antes de desaparecer por completo. El récord en cuanto al tiempo de reverberación en estructuras terrestres también se registró en Escocia.

En 1941 terminaron las obras de una serie de tanques enormes construidos a mucha profundidad cerca de Invergordon, Ross-shire. Los tanques de petróleo de Inchindown se construyeron para que la Marina Real los utilizase como depósito de petróleo a prueba de bombas durante la guerra. Cada uno de los cinco tanques principales mide 237 metros de longitud —más que dos campos de fútbol— y 9 metros de ancho, con un techo arqueado de 13,5 metros de altura. Trevor Cox, catedrático de Ingeniería acústica de la Universidad de Salford, supo de la existencia de este lugar cuando apareció en el programa de la BBC *The One Show*, y se le ocurrió que sería un lugar interesante para llevar a cabo pruebas de reverberación. En 2014, grabó el sonido del disparo de una pistola de fogueo dentro de los tanques. El sonido desapareció 112 segundos después de apretar el gatillo, convirtiéndose así en la reverberación más prolongada jamás registrada.[2]

Cuando se interpreta música en interiores, un poco de reverberación está bien, pero, si hay demasiada, puede dar lugar a cacofonías desagradables. En algunas catedrales góticas grandes, el sonido del órgano puede tardar hasta 9 segundos en desaparecer, de forma que, aunque se toquen por separado, varias notas pueden acabar amontonándose y creando una amalgama sonora discordante. Las salas de conciertos están diseñadas para evitar este problema, aunque los intérpretes identifican diferencias entre los distintos espacios reverberantes, calificando a algunos de muy «vivos» y a otros de «muertos». Los tiempos de reverberación óptimos dependen del tipo de música para el que esté pensado el auditorio. En general, las buenas salas de conciertos presentan un tiempo de reverberación de entre 1,8 y 2,2 segundos en frecuencias medias.

Una de las características del oído humano es que le cuesta cada vez más distinguir las frecuencias bajas a medida que el sonido se va apagando. Así, los oyentes que se encuentran lejos de la fuente del sonido —por ejemplo, una orquesta— pueden concluir que las notas del bajo se oyen demasiado poco en el resultado final. Una forma de evitar este sesgo es diseñar los auditorios de modo que el tiempo de reverberación de las frecuencias bajas sea mayor que el de las altas, con lo que se consigue potenciar los sonidos graves sin que suenen forzados para que los asistentes que están al final los oigan bien. En la práctica, es natural que los sonidos graves tengan un tiempo de reverberación mayor, especialmente si se usa mucha madera en la construcción, ya que este material absorbe más las frecuencias altas que las bajas.

El Royal Albert Hall de Londres es célebre por su esplendor arquitectónico y conocido por su acústica cuestionable. Este edificio, con su magnífica cúpula, se terminó de construir en 1871 y ha sido escenario de todo tipo de conciertos, desde música clásica hasta pop y *rock*. Pero lo construyó un equipo de ingenieros reales a mediados de la época victoriana, no de arquitectos y expertos en acústica conocedores de la ciencia del siglo XXI. Enseguida se hizo patente que los sonidos rebotaban excesivamente por las paredes circulares y, sobre todo, por la gran cúpula; en el Albert Hall había demasiada reverberación y demasiado eco.

La reverberación y el eco están relacionados, pero no son lo mismo. La reverberación es el resultado de muchas ondas reflectadas que, al ser procesadas por el cerebro, se interpretan como un sonido continuo y enrevesado. Por su parte, el eco es una copia nítida pero más silenciosa del sonido original que aparece cuando un pulso de sonido le vuelve al oyente tras rebotar en una superficie. Al cerebro le basta con que haya un retraso de más de 50 milisegundos entre el momento en que el primer sonido y el segundo llegan al oído para percibirlos como separados y no como algo continuado. Respecto de la distancia, un eco solo se puede oír si la superficie reflectante está al menos a 17 metros de distancia.

Desde el primer concierto de su historia, celebrado justo después de la ceremonia inaugural, quedó claro que el Albert Hall tenía un problema. Su cúpula cóncava y de cristal reflectaba y concentraba cualquier sonido que entrase en ella, creando así un eco inconfundible. Empezó a circular la broma de que el recinto era el único lugar en el que un compositor podía asegurarse de que oiría su obra siendo interpretada al menos dos veces. En el siglo y medio que ha pasado desde entonces se han llevado a cabo muchas iniciativas para mejorar su rendimiento acústico. La más reciente tuvo lugar entre 2017 y 2019, cuando se invirtieron más de dos millones de libras en una reforma integral que incluía un sistema de sonido informático que era capaz de ajustar los niveles de reverberación y de eco según se percibían en las distintas secciones del auditorio. Hizo falta usar 15 kilómetros de cables para conectar los numerosos altavoces nuevos que se instalaron. Mientras se cambiaba el cableado bajo el suelo original, se encontraron varios artefactos interesantes, entre ellos, una botella de cerveza del siglo XIX que se tomaría algún obrero durante las obras.[3]

Hay otro edificio londinense destacado que también tiene cúpula y su propia peculiaridad acústica. Soy una de las muchas personas que han visitado la Whispering Gallery, o Galería de los Susurros, una pasarela circular que se encuentra a los pies de la cúpula que se alza 30 metros más arriba, sobre el cruce de la nave de la Catedral de San Pablo. Su arquitecto, sir Christopher Wren, no había pretendido dar pie a una conversación acústica —ni literal ni metafóricamente— al diseñar la estructura. Pero la galería no tardó en convertirse en un lugar de confluencia de moda tras la consagración de San Pablo en 1708 al descubrirse que cualquier susurro que se pronuncie cerca de la pared curvada llegará a los oídos de alguien que se pegue a cualquier otra parte del muro, aunque se encuentre en el lado opuesto de la pasarela, a más de 33 metros de distancia.[4]

La explicación correcta de este fenómeno llegó de la mano del físico lord Rayleigh en 1878. Se dio cuenta de que las «ondas de la Galería de los Susurros», como han venido a llamarse, se generan mejor si quien susurra lo hace en la dirección que sigue el muro curvado y no de cara a él. Entonces, el sonido se desplaza por una serie de caminos en línea recta o cuerdas (las líneas que unen distintos puntos de una circunferencia) de la galería circular. Al pegarse a la pared de esta forma, el sonido solo pierde intensidad a lo largo de la distancia en lugar de hacerlo a lo largo de la distancia al cuadrado, como ocurre con el sonido que se dispersa en todas las direcciones, y es precisamente esta caída menos pronunciada lo que explica por qué los susurros se oyen alrededor de toda la galería.

Este fenómeno se observa en edificios de todo el planeta. La cúpula de Gol Gumbaz, un mausoleo del siglo XIX en Karnataka, en la India, tiene un diámetro exterior de 44 metros y, como en el caso de la Catedral de San Pablo, cuenta con una pasarela accesible en la base de la cúpula donde se puede oír el efecto de los susurros. La Bóveda Imperial del Cielo, una estructura circular que forma parte de un complejo de edificios religiosos del siglo XVII ubicado en la parte sureste del centro de Pekín, contiene en su interior el Muro del Eco, el cual también transmite el sonido alrededor de su circunferencia.

Los ecos son un fenómeno común tanto en el interior de los edificios como en la naturaleza. En cualquier lugar en el que una pared, ya esté hecha de roca o de algún material duro artificial, esté a cierta

La Whispering Gallery, o Galería de los Susurros, en el interior de la
cúpula de la Catedral de San Pablo.

distancia y proporcione una superficie reflectante, se generará este
efecto. Algunos ejemplos clásicos incluyen el Gran Cañón de Arizona
y el mirador de Echo Point, cerca de Katoomba, en las Montañas Azules de Australia.

No todos los efectos asociados a la reverberación y al eco se han
terminado de explicar del todo. Una de las anomalías sonoras más
extrañas del mundo se puede oír en El Castillo, también conocido
como el Templo de Kukulcán, en Chichén Itzá, un lugar que antaño
fue una ciudad y que ahora es un yacimiento arqueológico que se encuentra en Yucatán, México. Construido por los mayas entre los siglos IX y XII, esta pirámide escalonada mesoamericana forma parte de
un complejo más extenso que incluye una cancha, templos y otros
edificios. Para experimentar su insólito efecto acústico, solo tienes
que colocarte en el campo que se extiende ante la escalinata exterior
de El Castillo, ponerte de cara a él y dar una palmada. Un instante
después, te llegará un eco que no sonará como la palmada, sino que se
parecerá mucho más al trino de un pájaro, y nadie sabe por qué.

Menudo subidón

La montaña rusa bautizada con el inocente nombre de Flip Flap Railway, en el parque de atracciones Sea Lion Park de Paul Boyton, en Brooklyn, Nueva York, fue una de las más peligrosas de la historia. Se terminó de construir en 1895, y fue la primera montaña rusa con tirabuzón de Norteamérica (los llamados «ferrocarriles centrífugos» ya se habían construido en Europa a mediados de siglo). La Flip Flap Railway contaba con un tirabuzón vertical y circular, o *loop*, de unos 7 metros y medio de diámetro, y ahí radicaba el problema: el tirabuzón era muy pequeño y perfectamente redondo. Así, cuando los pasajeros entraban en la sección circular, y de nuevo cuando salían de ella, estaban sometidos momentáneamente a una aceleración brutal de 12 g, suficiente para provocar lesiones graves de cuello y columna.[1]

Hoy en día, los diseñadores de atracciones tienen más tablas y toman en cuenta la física y la fisiología humana en el proceso de crear las montañas rusas más emocionantes e intensas. Las secciones de los tirabuzones verticales de 360° ya no son circulares, sino que tienen forma de lágrima y dibujan una curva que los matemáticos llaman clotoide para que los pasajeros puedan entrar y salir de la sección invertida con unas aceleraciones más moderadas.

La fuerza g es una medida de aceleración que produce una sensación de peso aumentado. Así, si experimentas una aceleración ascendente de 2 g, te sentirás el doble de pesado de lo normal. O si vas en un coche que acelera a 1 g, una fuerza equivalente a tu peso normal te mantendrá pegado al asiento. El único momento en el que la mayoría de nosotros experimentaremos más de un par de g es si nos subimos a una montaña rusa o a alguna otra atracción de gran velocidad en un parque de atracciones.

Cuando se inauguró en 1978, la Shock Wave, en el parque de atracciones de Six Flags Over Texas, cerca de Arlington, ofrecía a los pasajeros la mayor aceleración de todas las montañas rusas del planeta. Tras un ascenso inicial de 35 metros, seguido de una curva a la derecha de 180° y una pequeña bajada, el vagón desciende para meterse en dos *loops* seguidos en los que se alcanzan fuerzas máximas de 5,9 g. Quedó relegada al segundo puesto en la clasificación de la liga de las fuerzas g cuando se inauguró la Tower of Terror de Gold Reef City, en Johannesburgo, Sudáfrica, en el año 2001. Esta aterradora montaña rusa sube cada vagón de 8 pasajeros con un ascensor antes de empujarlo hacia delante para que caiga 15 metros en vertical al interior del pozo de una mina, sometiendo a los pasajeros a una fuerza máxima de 6,3 g.

La montaña rusa más extrema —y absolutamente hipotética— jamás concebida es la Euthanasia Coaster, o Montaña Rusa de la Eutanasia, diseñada en 2010 por Julijonas Urbonas, un artista lituano y doctorando del Royal College of Art de Londres. Esta atracción estaba pensada para matar deliberadamente a los pasajeros, o, según lo expresó el propio Urbonas, segar vidas «con elegancia y euforia». Quienes se montaran en la Euthanasia Coaster subirían hasta una altura de 500 metros antes de caer a unas velocidades de hasta 360 km/h en una serie de siete *loops* sucesivos cuyos radios iban reduciéndose para asegurar un minuto completo de exposición a fuerzas de un mínimo de 10 g. Durante ese tiempo, los cerebros de los pasajeros estarían privados de sangre (y, por tanto, de oxígeno), lo que los dejaría inconsciente primero y, finalmente, les provocaría la muerte.

Hablando más en serio, el GLOC —por sus siglas en inglés, «pérdida de conciencia inducida por g»— fue un peligro al que se exponían los pilotos que hacían maniobras a grandes velocidades durante la Segunda Guerra Mundial. Hacía falta encontrar la manera de poner a prueba la efectividad de los trajes antigravedad diseñados para evitar que los pilotos se desmayasen cuando estuviesen sometidos a niveles elevados de aceleración. A raíz de dicha necesidad, los científicos canadienses Wilbur Franks y Frederick Banting construyeron el primer centrifugador humano de potencia razonable en la Unidad de

Investigación Clínica del Ejército de Canadá, en Toronto, en el año 1941. Se suponía que el proyecto debía ser secreto, pero estaba claro que algo fuera de lo normal se estaba cociendo en el edificio que albergaba la máquina. El motor de 200 caballos que lo alimentaba compartía la línea eléctrica con el resto del vecindario, y cada vez que lo ponían en marcha agotaba la corriente de las líneas eléctricas aéreas que movían los tranvías de la calle, de modo que se quedaban inmóviles.

El centrifugador de la Unidad de Investigación Clínica contaba con una aerosilla redonda que colgaba de un brazo horizontal que estaba conectado a un pilar vertical. El motor hacía girar el pilar para que la aerosilla se balancease hacia fuera y adoptase una inclinación de casi 90° cuando se movía rápidamente. El asiento era como el de un avión de combate y estaba suspendido de forma independiente de la aerosilla para que el pasajero pudiese posicionarse en distintos ángulos, incluso bocabajo, para producir una fuerza g negativa.

Un observador que se encontraba en la sala de control enviaba señales a la aerosilla encendiendo luces y haciendo sonar un timbre, a lo que el pasajero respondía apagando las señales. Si solo apagaba el timbre, significaba que seguía consciente pero había sufrido una pérdida total de visión. Si no apagaba ni las luces ni el timbre, significaba que se había desmayado. Los resultados obtenidos con este centrifugador ayudaron a Franks a desarrollar el primer traje antigravedad eficaz.

El centrifugador de Johnsville, mucho más grande, del Centro para el Desarrollo Aéreo y Naval (NADC, por sus siglas en inglés) situado en Warminster, Pensilvania, desempeñó un papel fundamental con las pruebas a las que sometió a los astronautas que iban a participar en los programas espaciales tripulados. Pero su primer objetivo, tras terminarse en julio de 1950, consistió en estudiar los efectos de las fuerzas g generadas por aviones de alto rendimiento y, en concreto, para ayudar a entrenar a los pilotos para llevar el avión cohete X-15.

Antes del inicio de la Era Espacial, nadie sabía si el cuerpo humano era capaz de resistir el duro tratamiento que recibiría al entrar y salir del espacio, por no hablar de lo que el propio entorno espacial le haría al cuerpo de un hombre o una mujer. Al ser disparado para entrar en órbita a bordo de un potente cohete, el astronauta se sentiría durante varios minutos seguidos mucho más pesado que en la Tierra. Al volver a entrar en la atmósfera, las fuerzas g serían todavía más elevadas. Gracias a los experimentos que se llevaron a cabo en tierra y a las experiencias de los pilotos al llevar a cabo maniobras extremas con los aviones, se sabía que las personas somos capaces de resistir una exposición breve a fuerzas g muy elevadas. Pero cuánto podrían resistir los viajeros espaciales durante períodos más prolongados, durante los cuales acelerarían para entrar en órbita y desacelerarían para regresar a la Tierra, era todo un misterio.

El centrifugador de Johnsville, conocido como «La Rueda», se encontraba en el interior de un edificio redondo y cavernoso del NADC. Se había elegido este lugar porque las fuerzas giratorias que podría generar el centrifugador eran tan potentes que hizo falta anclar aquella máquina gigantesca directamente en el lecho de roca para que no se soltase con los temblores, y Warminster tenía algunos de los lechos de roca más estables que fueron capaces de encontrar los ingenieros.

El acero de la aerosilla del centrifugador tenía forma de esfera aplanada, medía 3 × 2,8 m y estaba fijada a un brazo de 15 metros, en cuyo extremo opuesto había un motor de 4.000 caballos. Este motor era tan potente que podía llevar la aerosilla a velocidades de 280 km/h en tan solo siete segundos y alcanzar una fuerza máxima y potencialmente letal de 40 g. La aerosilla estaba equipada con cardanes duales y podía rotarse para que el sujeto de estudio estuviese orientado en distintas posiciones relativas a la fuerza g aplicada.

Muchas veces, los pasajeros que se subían a La Rueda eran empleados corrientes de Johnsville u otros trabajadores de la Marina que se ofrecían voluntarios. Los grandes nombres de los viajes aeroespaciales estaban demasiado ocupados volando como para pasarse horas y horas haciendo de conejillos de indias, especialmente en los primeros días de La Rueda, cuando todavía se estaba evaluando su rendimiento. Entre los voluntarios se encontraba el técnico médico aeroespacial Art Guntner, quien, en el tiempo que pasó en el NADC, se metió en las entrañas de la bestia unas 350 veces y recibió un castigo temporal de 15 g, una aceleración que deja en ridículo a los 4 o 6 g máximos que se sienten al subirse en un *dragster top fuel* (un coche de carreras trucado) o una nave espacial moderna apta para pasajeros humanos.

El trabajo de Guntner consistía en preparar a los Mercury Seven —los siete astronautas seleccionados originalmente para participar en las misiones espaciales Mercury— antes de que se subiesen al centrifugador. Ayudaba a informarlos sobre los resultados de las primeras simulaciones y sus propias experiencias sometido a fuerzas g elevadas. Las aerosillas estaban equipadas con un panel de instrumentos y un mando manual como el de la cápsula del Mercury, y podía reducirse la presión para imitar la presión de vuelo de 35 kPa. Los sujetos de estudio luego informaban de la facilidad con la que podían usar los mandos durante los períodos de fuerza g elevada y describían cualquier efecto adverso que hubiesen sentido. Una de las características más valiosas pero aterradoras de la aerosilla era que podía entrar en giros en los que las aceleraciones podían dar unas sacudidas tremendas al pasar de medidas de 10 g positivas a 10 g negativas en cuestión de un segundo.[2]

Bajo la demoledora fuerza de 6, 8 o incluso 10 g, no es factible respirar como de costumbre. Inhalar como sueles hacerlo cuando tienes la sensación de que pesas media tonelada o más queda totalmente descartado. «Es imposible volver a inflar los pulmones —escribió el piloto del Módulo de Mando del Apolo 11 Michael Collins—. Es como si tuvieses unas cintas de acero apretándote el pecho. Tienes que inventarte un método nuevo para mantener los pulmones casi hinchados por completo en todo momento y usar el "aire de arriba" para jadear rápidamente».

Las personas a las que se les daba el visto bueno para subirse mostraban grandes diferencias en cuanto a la tolerancia a las fuerzas g de La Rueda. A algunos no solo les iba bien en el centrifugador, sino que ponían a prueba los límites de la máquina, además de los suyos propios. Una de estas almas de acero fue el oficial de la Reserva Naval Carter Collins, quien, en agosto de 1958, resistió a una increíble fuerza de 20 g durante 6 segundos mediante una técnica de gruñidos que le permitía evitar la pérdida de visión o padecer dolores en el pecho.

Pero incluso estas hazañas fueron superadas por las del cirujano de vuelo de las Fuerzas Aéreas de Estados Unidos John Paul Stapp, quien, en la década de 1950, se sometió a unos índices de aceleración y desaceleración asombrosos a bordo de trineos tirados por cohetes.[3] El que fue su último viaje, y también el más extremo, tuvo lugar el 10 de diciembre de 1954. Lo amarraron, de cara, en una silla desprotegida en la parte trasera de un trineo cohete llamado Sonic Wind 1 que podía alcanzar velocidades superiores a las de un 747. Delante tenía una vía férrea de 600 metros de longitud que se extendía por el árido paisaje del Campo de Aviación Militar de Muroc, en California. El propio Stapp hizo la cuenta atrás a través del intercomunicador que tenían en la sala de control, a cierta distancia. En cuanto dijo «cero», se encendieron los cohetes y el trineo aceleró ferozmente durante los siguientes 5 segundos hasta alcanzar la asombrosa velocidad de 1.017 km/h, pulverizando así el récord de velocidad en tierra.

Momentos después, el trineo se abalanzó hacia un abrevadero, lo que hizo que se detuviese en seco. Ningún humano, ni antes ni después, se ha sometido voluntariamente a tal sacudida, y es que pasar de 1.000 km/h a cero en algo más de un segundo equivale a chocar con un muro de ladrillos a 190 km/h. Stapp había viajado a tal velocidad que las partículas de polvo habían penetrado el traje de piloto y le habían hecho llagas. Se había detenido tan de pronto que los vasos sanguíneos del ojo le habían reventado, los ojos se le habían salido de las órbitas, y se quedó ciego temporalmente. Había alcanzado una impresionante fuerza de deceleración máxima de 40 g y, a pesar de acabar maltrecho y lleno de moratones, vivió para contarlo.

John Stapp a bordo del trineo cohete Sonic Wind 1 reduciendo la velocidad súbitamente desde una velocidad de 1.000 km/h.

ESPACIO

Megamundos

En el planeta más grande del sistema solar, Júpiter, cabrían más de 1.300 Tierras. Es 318 veces más masivo que la Tierra y dos veces y media más masivo que todos los demás planetas que orbitan alrededor del Sol juntos. En Júpiter lleva cayendo la misma tormenta, conocida como la Gran Mancha Roja, que ocupa una extensión mayor que la que ocupa nuestro mundo, desde hace siglos. Pero alrededor de otras estrellas hay planetas que todavía son más grandes que Júpiter. ¿Qué tamaño pueden llegar a alcanzar los planetas?

Que se sepa, los planetas que orbitan alrededor del Sol son ocho. Los cuatro más cercanos son pequeños y rocosos, como la Tierra. Luego están los dos gigantes gaseosos, Júpiter y Saturno, y más allá tenemos a los dos gigantes de hielo, Urano y Neptuno. En 2006, Plutón fue degradado a la categoría de «planeta enano» en un congreso internacional de astrónomos, una decisión que generó mucha polémica.

Los primeros planetas extrasolares o exoplanetas se descubrieron en 1992. Pero resultó que se trataban de casos raros, ya que no giraban alrededor de estrellas corrientes, sino de púlsares, es decir, los densos vestigios estelares de las supernovas. Para cuando se confirmó el primer planeta que orbitaba alrededor de una estrella parecida al Sol, el 51 Pegasi, a 50 años luz de la Tierra, ya nos habíamos plantado en el año 1995. El 51 Pegasi b resultó ser un tipo de mundo completamente nuevo. En otras palabras, era un «Júpiter caliente», un gigante gaseoso que seguía una órbita extremadamente pequeña alrededor de su estrella central. Un porcentaje elevado de los primeros exoplanetas en salir a la luz entraron en esta misma categoría, por la simple razón de que el método de detección que más se utilizaba en aquella época favorecía a los objetos que generaban los mayores tambaleos en los movimientos de sus estrellas madre, es decir, a los planetas masivos de órbita pequeña.

Aunque Júpiter domina el sistema planetario del Sol, los astrónomos sabían que en otros rincones del espacio tenía que haber planetas más grandes y masivos. Su sospecha se confirmó en 1996 con el descubrimiento del 47 Ursae Majoris b, que presume de tener dos veces y media la masa de Júpiter, y, además, fue el primer exoplaneta conocido sin una órbita inusualmente pequeña.

Los teóricos empezaron a especular con más entusiasmo sobre cuál podría ser el punto de corte que identificase a los planetas grandes y masivos. A Júpiter se lo había descrito a veces como una «estrella fallida» en el sentido de que estaba compuesto en gran medida de los mismos elementos —hidrógeno y helio— que una estrella como el Sol, pero carecía de la masa suficiente como para activar reacciones de fusión en su núcleo. Si en las primeras etapas de su formación un objeto conseguía atraer mucho más gas y polvo de su entorno, su autogravedad podría ejercer presión y calentar su región central lo suficiente como para desencadenar en él una fusión nuclear. Pero ¿en qué punto dejaba un planeta de ser planeta y se convertía en estrella?

Para 2011, los investigadores habían descubierto cerca de 180 «superjúpiteres» —planetas más masivos que Júpiter—, algunos calientes, otros fríos, según como fuese su órbita. No obstante, tener mucha más masa no implica necesariamente que el tamaño sea mayor. Cuanto más masivo sea un gigante gaseoso, más se contraerá hacia sí mismo por la fuerza de la gravedad, lo cual significa que su densidad puede ser mucho mayor que la de Júpiter sin que su diámetro tenga por qué serlo. Un ejemplo de ello es Upsilon Andromedae d, uno de los varios planetas que se han encontrado orbitando alrededor de una estrella que está a 129 años luz de distancia del Sol. Existen estimaciones que sitúan su masa en unas siete veces la de Júpiter, mientras que su diámetro es solo un 20 % mayor.

Ya en la década de 1960 los astrónomos habían planteado que podrían existir objetos intermedios entre los planetas y las estrellas, a los que después terminaría llamándose enanas marrones. Este tipo de objetos astronómicos tendrían la suficiente masa como para aplicar la presión suficiente sobre sus núcleos e iniciar un tipo de reacción nuclear conocida como fusión de deuterio. Este tipo de fusión se da en temperaturas inferiores a las de la fusión normal del hidrógeno que se encarga de generar la luz y el calor de las estrellas como el Sol. La teoría planteaba que un objeto que multiplicase por 13 el peso de Júpiter podría dar inicio a la fusión de deuterio y convertirse en una enana marrón. Sin embargo, si su masa era mayor que la de Júpiter en más de 80 veces, sería capaz de desencadenar la fusión de hidrógeno normal en el núcleo y brillar, convertido ya en toda una estrella.

A 133 años luz de la Tierra se encuentra una estrella llamada HR 8799. Está a mayor temperatura, es algo más grande y ligeramente más masiva que el Sol, y apenas llega a verse a simple vista en la constelación de Pegaso. Se ha descubierto que a su alrededor orbitan cuatro superjúpiteres, todos ellos al menos cinco veces más masivos que Júpiter, salvo uno que lo es unas nueve veces.[1] A pesar de su descomunal peso y tamaño, los megamundos de HR 8799 son planetas, sin ningún género de duda. En otros casos, la categoría de un objeto, ya sea un planeta gigante o una enana marrón, es incierta.

Fijémonos, por ejemplo, en el NGC 2423-3 b. Gira alrededor de un gigante rojo y forma parte de un cúmulo de estrellas que se encuentra a unos 2.400 años luz. Los astrónomos lo encontraron por los tambaleos —ligeros movimientos oscilantes— de la estrella creados por su compañero al tirar primero hacia un lado y luego hacia el otro en su camino orbital. Se sabe que la masa de NGC 2423-3 b es al menos 10,6 veces mayor que la de Júpiter. Esta estimación a la baja surge de la presuposición de que el plano de la órbita del compañero alrededor del gigante rojo queda directamente a la línea de nuestra vista. Si la órbita resulta estar inclinada respecto de este punto de referencia, la masa debería ser más grande para poder explicar los balanceos observados en su estrella. Su masa podría ser, de hecho, lo suficientemente grande como para empujarlo hacia el terreno de las enanas marrones.

La categoría de otros acompañantes de estrellas cuyas masas los colocan en el rango entre superjúpiteres pesados y enanas marrones ligeras también está en tela de juicio. Algunos «objetos subestelares» son definitivamente enanas marrones, ya que los estudios que se han realizado acerca de la luz que emiten han sacado a relucir las huellas espectrales de la fusión de deuterio de su núcleo. En otros casos, los astrónomos deben buscar otras pistas que los ayuden a responder la pregunta de si se trata de un planeta grande o de una enana marrón.

Los científicos han descubierto que los planetas gigantes casi siempre orbitan estrellas ricas en metales. En términos astronómicos, que sean «ricas en metales» significa que presentan una abundancia relativamente elevada de elementos más pesados que el hidrógeno y el helio, tanto si dichos elementos son metales como si no. Las enanas marrones, por su parte, no son tan quisquillosas. La diferencia viene de que los planetas y las enanas marrones se forman de maneras distintas: los planetas crecen «de arriba abajo», empezando por un núcleo pequeño, rico en elementos pesados, que atrae más material de su entorno; las enanas marrones, en cambio, se forman igual que las estrellas, es decir, a partir de bolsas densas de una nube protoestelar de gas y polvo que colapsan bajo su propio peso.

A partir de cierta masa, que se cree equivalente a unas ochenta veces la de Júpiter, un objeto de formación reciente se convertiría en una enana roja ligera —el tipo más pequeño de estrella «normal» que quema hidrógeno— en lugar de en una enana marrón. La enana roja más ligera de todas las que se conocen es la 2MASS J0523-1403, la cual se encuentra justo en el límite de masa teórico de las estrellas y cuenta con un diámetro tan solo 0,09 veces el del Sol, de forma que es más pequeña que Júpiter. Aunque solo está a unos 40 años luz de distancia, es un millón de veces más tenue que la estrella más tenue que alcances a ver a simple vista. Todavía más pequeñita es la EBLM J0555-57Ab, de tamaño similar a Saturno y la enana roja más diminuta que se conoce.[2]

En el otro extremo de la escala están las «subenanas marrones», también conocidas como enanas marrones de clase Y, que son las representantes más pequeñas y frías de su especie. Se forman igual que las demás enanas marrones, pero se solapan con el rango de masa de los superjúpiteres. De hecho, la enana marrón más fría y ligera que se conoce, la WD 0806-661 B, la cual orbita alrededor de una enana blanca, solo tiene una masa de entre siete y nueve veces la de Júpiter y una temperatura de superficie de entre 55 y 72 °C.

A pesar de que las enanas marrones están hechas principalmente de hidrógeno —el elemento más ligero—, pueden llegar a ser muy densas gracias a la compresión extrema de la materia que contienen.

Por ejemplo, se cree que la CoRoT-3b, con una masa equivalente a la de unos 22 Júpiteres, tiene una densidad de 26 g/cm³, más alta que la del osmio, el cual, como veremos en el capítulo 20, es el elemento natural más denso bajo condiciones normales que existe (con una densidad de 22,6 g/cm³). La gravedad superficial de la CoRoT-3b es tan elevada como cabría esperar, más de cincuenta veces mayor que la de la Tierra.

Si hablamos de planetas gigantes, entre los más grandes encontramos el TYC 8998-760-1 b. Mide unas tres veces más que Júpiter de ancho y pesa unas catorce veces más. Y, aun así, por muy pesado que sea, este imponente planeta es un jovenzuelo. La estrella alrededor de la que orbita, a una distancia de un poco más de cinco veces la que separa a Neptuno del Sol, tiene unos tiernos 17 millones de años.[3] Es muy posible que el HD 100546 b sea todavía mayor, ya que, según algunas estimaciones, podría tener siete veces el diámetro de Júpiter. Pero aquí surge una complicación, porque el HD 100546 b parece ser un mundo en plena creación, es decir, un planeta que todavía se está condensando a partir de la nube de gas y polvo que lo rodea. Las observaciones futuras ayudarán a decidir si de verdad es el exoplaneta más grande conocido o si su grosor aparentemente inmenso incluye, en parte, el material en el que está integrado.

Superestrellas estelares

Prácticamente todas las estrellas que ves en el cielo nocturno con tus propios ojos son más grandes y luminosas que el Sol. Es cosa del efecto de selección: desde una distancia muy grande, los objetos más grandes y brillantes del grupo serán los que destaquen. Pero, así y todo, el Sol es una estrella del montón, una más de los miles de millones de estrellas de todos los tipos que existen en nuestra galaxia. Si nos impresiona tanto es porque lo tenemos a la vuelta de la esquina.

Con el paso del tiempo, el Sol se va volviendo más brillante. Ahora brilla un 30 % más que cuando empezó a brillar hace 5.000 millones de años. Como todas las estrellas, durante gran parte de su vida genera luz y calor al fusionar hidrógeno con helio en el núcleo. A medida que las «cenizas» del helio se van acumulando, y al tener más masa que el hidrógeno, aumentan la densidad del núcleo, elevando así su temperatura y haciendo que el Sol brille más. Llegará el momento en que el hidrógeno del núcleo se agote y la gravedad, que ya no estará contrarrestada por la fuerza hacia fuera que ejerce la presión de la radiación, estrujará el núcleo y lo empequeñecerá, lo cual elevará todavía más su temperatura. El calor adicional del centro encenderá el hidrógeno de la cáscara que recubre el núcleo y el Sol entrará en el ocaso de su vida.

A medida que el núcleo inerte de helio crezca, la cáscara quemadora de hidrógeno que lo recubre también crecerá. La luminosidad del Sol aumentará de velocidad en función del ritmo al que el helio entre en el núcleo. En menos de 5.000 millones de años, el Sol será otras dos terceras partes más brillante que ahora. Y entonces comenzará a hincharse incluso a pesar de ir volviéndose más luminoso. Cerca del año 11.000 millones e. c., el Sol será irreconocible: su luminosidad actual se habrá multiplicado por mil y tendrá una superficie de color carmín que se habrá agrandado terroríficamente hasta sobrepasar las órbitas de Mercurio y Venus. Y, así, el Sol se habrá transformado en una gigante roja.

Hay un factor que influye más que el resto en cómo es una estrella y en cómo evolucionará: su masa. En el extremo inferior, algunas estrellas apenas pesan una décima parte del peso del Sol. A lo largo de sus dilatadas vidas, que pueden durar hasta billones de años —mucho más que la edad actual del universo—, racionan sus reservas de energía de fusión muy lentamente y permanecen pequeñas y frías. Las «enanas rojas» son el tipo más común de estrella que encontramos en el espacio: veinte de las treinta estrellas más cercanas a la Tierra son de esta clase.

Por otro lado, las estrellas más masivas que el Sol tienen vidas más breves y espectaculares. La estrella que más brilla en el cielo nocturno es Sirio, a 8,7 años luz de distancia y con el doble de masa que el Sol, un diámetro 1,7 veces mayor que este y 25 veces más brillante. Su vida como estrella «de secuencia principal» en cuyo núcleo arde hidrógeno será de tan solo mil millones de años, menos de una décima parte que la del Sol. En la constelación de Orión hay estrellas que vemos sin necesidad de herramientas y que de cerca serían extraordinarias tanto por su tamaño como por su resplandor. Rigel, de un color blanquiazul, logra ocupar la séptima posición entre las estrellas más brillantes del cielo nocturno a pesar de estar a al menos 860 años luz de distancia. Como hemos visto en el capítulo 3, entra en la categoría de las supergigantes azules, ya que es una estrella masiva y muy luminosa con una temperatura superficial elevada y hace poco que ha dejado de fusionar hidrógeno en su núcleo. La masa de Rigel es unas 20 veces mayor que la del Sol, su diámetro es 80 veces mayor y brilla unas 120.000 veces más.

Orión también alberga la estrella de color naranja-rojizo Betelgeuse, otra supergigante, pero esta vez con una superficie mucho más fría e inmensamente más grande. Betelgeuse es una supergigante roja tan grande que, si la pusiésemos en el lugar que ocupa el Sol, su superficie alcanzaría las órbitas de Marte y Júpiter. Como todas las supergigantes —ya sean rojas, azules, blancas o amarillas—, a Betelgeuse no le queda mucho tiempo de vida en términos cósmicos. Lo más probable es que en los próximos 100.000 años o así explote en una supernova, y deje en su lugar un núcleo colapsado en forma de estrella de neutrones o agujero negro.

Según los cánones solares, Betelgeuse es enorme. Pero eso no quiere decir en absoluto que sea la estrella más grande que conocemos. La más grande que puede verse sin prismáticos o telescopio es Mu Cephei, también conocida como Estrella Granate porque su intenso color rojo recuerda al de este mineral. La distancia a la que se encuentra no está demasiado clara, y por lo tanto tampoco lo están su tamaño y brillo, pero no cabe duda de que es más grande que Betelgeuse y que llegaría más allá de la órbita de Júpiter si sustituyese al Sol.

Acercándose al primer puesto de la liga de tamaños estelares está la UY Scuti, una estrella inmensa que se encuentra a entre 9.000 y 10.000 años luz de la Tierra. Se la describe o bien como una supergigante roja extrema o bien como una hipergigante roja y tiene un diámetro unas 1.700 veces más grande que el del Sol. En su formidable volumen podríamos embutir 5.000 millones de soles. De hecho, la UY Scuti es tan grande que excede el tamaño límite teórico de las estrellas —unos 1.500 diámetros solares— que suele aceptarse en astronomía. El debate sobre cómo se formaron las estrellas más grandes conocidas y cómo se mantienen estables durante la mayor parte de sus breves vidas sigue abierto.

En el primer puesto y gracias a su tamaño encontramos una estrella llamada Stephenson 2-18 (abreviada como St 2-18), situada en el extrarradio de un cúmulo de estrellas a 19.000 años luz de distancia.[1] Se estima que su diámetro es 2.150 veces más grande que el del Sol, o 20 veces la distancia entre la Tierra y el Sol. Un rayo de luz que avanzase a 300.000 km/s tardaría casi nueve horas en rodear su superficie, en contraposición con los 14,5 segundos que tardaría en rodear el Sol. Si la pusiésemos en el centro del sistema solar, la superficie de la St 2-18 engulliría la órbita de Saturno.

La Stephenson 2-18 también tiene otro rasgo extremo, y es que es insólitamente brillante, tan luminosa como una tercera parte de un millón de soles. La única razón por la que no nos ciega con su fulgor es porque está muy lejos. Las estrellas pueden verse relucir en el cielo nocturno porque están relativamente cerca. La tercera que más brilla, después de Sirio y Canopo, es Alfa Centauri (que en realidad es un sistema de tres estrellas), a menos de 4,5 años luz de distancia. Pero las más luminosas de las estrellas en términos absolutos son las que irradian cantidades de luz prodigiosas desde sus superficies.

Entre las estrellas que pueden verse a simple vista, quizá la más luminosa por naturaleza sea Zeta Aurigae, una supergigante blanca que vive en un joven cúmulo de estrellas tórridas y brillantes conocidas como Asociación Scorpius OB-1. Brilla como 850.000 soles.

Más arriba en la liga de brillo estelar están varios miembros del cúmulo Arches, el cúmulo de estrellas más denso que se ha encontrado en nuestra galaxia, a unos 100 años luz del centro de la Vía Láctea y a 25.000 años luz de la Tierra. Las habitantes más destacadas del Arches son trece de las llamadas estrellas Wolf-Rayet y ocho hipergigantes de tipo O. Ambos tipos de estrella presentan temperaturas elevadísimas, son sumamente masivas y dominan las primeras posiciones en la liga de la luminosidad. Actualmente, la primera posición pertenece a R136a1, en la nebulosa de la Tarántula, una región inmensa de gas caliente y estrellas jóvenes que se halla en una galaxia satelital a la nuestra, la Gran Nube de Magallanes. La R136a1 es una estrella Wolf-Rayet que brilla 7 millones de veces más que el Sol. También es una de las estrellas conocidas más pesadas, con 222 masas solares. En segunda y tercera posición encontramos a sus vecinas de la nebulosa de la Tarántula, la R136a2 y la BAT98-99, que también son estrellas Wolf-Rayet supermasivas y supercalientes.[2]

Las estrellas más brillantes que conocemos, entre ellas las tres que acabamos de mencionar, también son de las más masivas. Todas se acercan o llegan a superar en 200 veces el peso del Sol. Es posible que en los primeros días del universo, poco después de que se formasen las primeras estrellas, algunos mastodontes estelares pesasen todavía más. Entre la llamada «Población III» del amanecer cósmico pudo haber habido estrellas que pesasen varios centenares o incluso 1.000 masas solares, todas con sus correspondientes brillos colosales. Hasta la fecha no se ha observado ninguna estrella de este tipo, pero hay ciertas evidencias indirectas que apuntan a su existencia, y gracias a la nueva generación de telescopios sumamente potentes que está empezando a aparecer, puede que no tengamos que esperar demasiado para poder echar un primer vistazo a estas superestrellas extremas.

Grandes noticias

En el siglo III a. e. c., el matemático griego Arquímedes escribió un libro llamado *El contador de arena* en el que trataba de calcular cuántos granos de arena cabrían en el universo. Para hacerlo, tuvo que estimar el tamaño del universo a partir de la información más fiable de la que disponía en aquel entonces. La cifra que se manejaba para el diámetro máximo del espacio era de 100 billones de estadios o, en términos modernos, unos 2 años luz.

Un año luz es una unidad escandalosamente grande. Hace referencia a la distancia que la luz, moviéndose a 300.000 km/s —que es la velocidad más rápida posible—, recorre en un año: 9,5 billones de kilómetros. Que los pensadores antiguos contemplasen siquiera el doble de esa distancia impresiona, pero hoy debemos tirar de imaginación para lidiar con cosas inmensamente más grandes.

La galaxia en la que vivimos, la Vía Láctea, es una comunidad de varios cientos de miles de millones de estrellas que se distribuyen a lo largo de 90.000 años luz. A principios de la década de 1920, un debate sobre la naturaleza del universo alcanzó su punto crítico: la cuestión era si nuestra galaxia constituía básicamente el universo entero o si ciertas «nebulosas» elípticas y espiraladas eran otras galaxias, o «universos isla», tal como se las llamaba entonces. Pronto se hizo patente que la Vía Láctea no está sola. La Gran Espiral de Andrómeda resulta ser una galaxia en espiral aún más grande que la nuestra y que se encuentra a 2,5 millones de años luz de distancia.

Podemos alcanzar a distinguir la borrosa región que es la galaxia de Andrómeda en el cielo nocturno a simple vista. La luz que recibimos de ella empezó sus andares antes de que apareciese nuestro primer antepasado, el *Homo habilis*, en la época en que el género Australopithecus todavía vagaba por la Tierra. Y, aun así, Andrómeda es una de nuestras vecinas galácticas más cercanas. La Vía Láctea y la espiral de Andrómeda son los miembros principales del Grupo Local, un cúmulo unido por fuerzas gravitatorias que consiste en unas ochenta galaxias, la mayoría de ellas «enanas», que ocupan un volumen en el espacio de unos 10 millones de años luz.

Igual que la mayoría de las estrellas forman parte de una galaxia, la mayoría de las galaxias forman parte de un cúmulo. El más cercano al Grupo Local es el Grupo M81, un cúmulo de unas tres docenas de galaxias que también tiene dos miembros ilustres, la espiral M81 y la galaxia con brote estelar M82, donde hay estrellas nuevas formándose a toda velocidad. Pero los grupitos como estos son los don nadie del universo. A unos 65 millones de años luz de la Tierra se encuentra el cúmulo de Virgo, compuesto por entre 1.300 y 2.000 galaxias y hogar de varios sistemas elípticos gigantes, entre ellos, la M87, una de las galaxias más grandes y masivas de nuestro rincón del espacio. La M87 tiene un agujero negro supermasivo en el centro que fue el primero de su categoría del que se obtuvieron imágenes directamente. En 2021, un equipo de astrónomos compartió las imágenes que habían sacado del oscuro centro de la M87 y sus alrededores gracias a las observaciones del Telescopio del Horizonte de Sucesos.

Si seguimos subiendo en la escala jerárquica, la mayoría de los cúmulos de galaxias pertenecen a cúmulos de cúmulos llamados supercúmulos. El cúmulo de Virgo se encuentra en el centro del Supercúmulo Local, al cual pertenecen el Grupo Local y un montón de otros cúmulos, con una población total de unas 47.000 galaxias. Se cree que el Supercúmulo Local tiene un diámetro de unos 110 millones de años luz y una masa unos 1.200 billones de veces más grande que la del Sol. Es imposible imaginar cómo algo puede ser tan grande, y es que es más de mil veces más extenso que la Vía Láctea, la cual ya tiene un tamaño de vértigo.

Igual que existen otros cúmulos de galaxias más allá del Grupo Local, también hay otros supercúmulos. A menudo se les pone el nombre del pedazo de cielo en el que se hallan según se ven desde la Tierra. Entre los más cercanos al Supercúmulo Local se encuentran el cúmulo de Coma y otros bautizados con los nombres de las constelaciones Hidra, Centauro y Perseo-Piscis. El último se extiende a lo largo de casi 300 millones de años luz. En el tiempo que tarda un rayo de luz en viajar desde un extremo del Supercúmulo Perseo-Piscis al otro, la Tierra pasó de consistir en las ciénagas carboneras del Carbonífero, que estaba habitada por los antepasados anfibios de los dinosaurios, a llegar a la época actual.

No obstante, nuestra búsqueda de lo más grande del universo no acaba aquí. Hace poco que los astrónomos han descubierto que nuestro Supercúmulo Local forma parte de una estructura aún mayor a la que han llamado Supercúmulo Laniakea (en hawaiano, «Laniakea» significa «cielo inmenso»).[1] Alberga unas 100.000 galaxias que ocupan una extensión de 520 millones de años luz y consta de cuatro partes principales: nuestro supercúmulo, el de Hidra-Centauro, el de Pavo-Indus y los Supercúmulos del Sur. Esta nueva información deja claro que el Supercúmulo Laniakea es definitivamente nuestro Supercúmulo Local y que los movimientos de nuestro modesto Grupo Local están bajo la influencia de una concurrencia de galaxias que es mucho más grande de lo que se había creído hasta ahora.

El fenómeno conocido como Gran Atractor es uno de los grandes misterios de la astronomía. No se sabe muy bien qué es, pero lo que sí sabemos es que la fuerza de su gravedad influye en el movimiento de la Vía Láctea y de todas las demás galaxias de nuestro vecindario. Parece que el Gran Atractor es el punto de fuga gravitatorio de Laniakea, pero su naturaleza sigue sin comprenderse, porque el Atractor se encuentra en la Zona de Evitación, una región del cielo que queda parcialmente escondida gracias a todo el gas y el polvo que hay en el plano de nuestra galaxia.

Hemos avanzado mucho desde el cosmos de 2 años luz de Arquímedes hasta ser conscientes de la verdadera inmensidad del supercúmulo al que llamamos hogar. Pero ni siquiera Laniakea es la estructura del universo más grande conocida. El supercúmulo de Sarasvati, a 4.000 millones de años luz de distancia, fue descubierto por unos investigadores de la India en 2017 y tiene una longitud máxima de extremo a extremo de unos 650 millones de años luz.[2] Y se han encontrado cosas todavía más inmensas a medida que los astrónomos han ido cartografiando la distribución de la materia a partir de escalas cada vez más grandes.

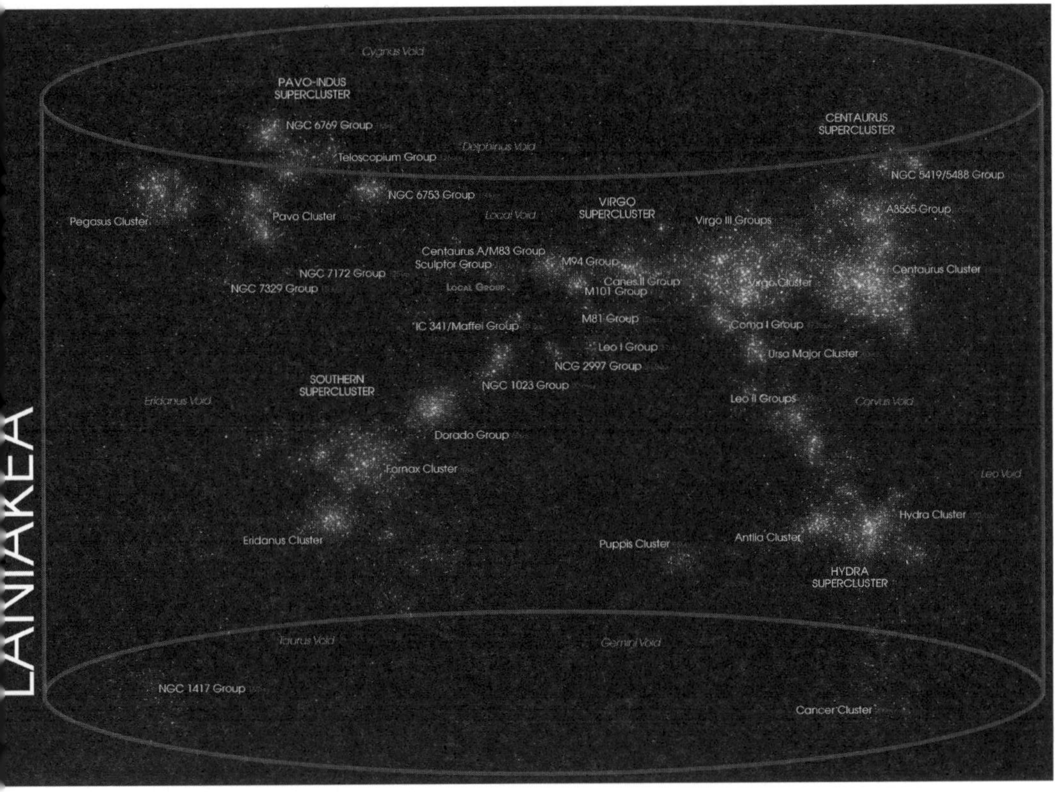

Mapa del supercúmulo de Laniakea y los cúmulos de galaxias
que lo componen.

El propio supercúmulo de Laniakea pertenece al Complejo de Supercúmulos Piscis-Cetus, un tipo de entidad enorme conocido como filamento galáctico o muro de galaxias. Resulta que el universo, al observarse desde distancias de miles de millones de años luz, parece estar compuesto de muros de supercúmulos unidos por fuerzas gravitatorias que rodean espacios desiertos llamados vacíos. Se estima que el Complejo de Supercúmulos Piscis-Cetus tiene una longitud de cerca de 1.000 millones de años luz y un ancho de 150 millones de años luz. Es tan masivo que el supercúmulo de Virgo —el que solíamos considerar nuestro Supercúmulo Local— solo representa una décima parte de su masa. La Gran Muralla Sloan es más grande, con una longitud de 1.370 millones de años luz, a la par del Muro del Polo Sur, el cual se descubrió recientemente, en 2020. Puede parecer sorprendente que algo tan grande pueda habérseles pasado por alto a los astrónomos durante tanto tiempo, pero, como ocurre en el caso del Gran Atractor, nuestra visión de esta estructura cuenta con el obstáculo de que se encuentra en una dirección que está en el mismo plano que nuestra galaxia.

Entre los filamentos hay vacíos, los cuales también tienen nombre, aunque en comparación podríamos decir que están desiertos. El que nos queda más cerca es el vacío de Keenan, Barger y Cowie (o vacío KBC), con un diámetro de 2.000 millones de años luz.

La Gran Muralla de Hércules-Corona Boreal, un filamento colosal y muy lejano, reivindica el título de estructura cósmica más grande conocida con sus 10.000 millones de años luz de longitud, lo que la lleva a representar más del 10 % del diámetro del universo observable. ¿Cómo podría haber algo más grande?[3]

El conjunto de todos los filamentos galácticos y espacios que están interconectados a lo largo del espacio se conoce como red cósmica. Si la consideramos un único objeto, entonces no puede haber nada más grande en el interior de la parte del universo que alcanzamos a ver. La red cósmica ocupa todo el universo observable, y es una región en forma de pelota cuyo diámetro mide unos 93.000 millones de años luz. No podemos ver más allá del borde del universo observable porque la luz no ha tenido tiempo suficiente, desde el Big Bang, de llegarnos desde más lejos.

Por ahora, la Gran Muralla de Hércules-Corona Boreal probablemente sea la mejor candidata al título de «la cosa más grande del universo». Pero su propia existencia es un dolor de cabeza para la astronomía. A pesar de que la materia es sin duda rugosa vista a escala de galaxias, cúmulos de galaxias e incluso supercúmulos, la cosmología actual sugiere que el universo debería ser relativamente liso en general. Pero, según parece, y si la Gran Muralla de Hércules-Corona Boreal es real, puede haber rugosidades a lo largo de una distancia de al menos una décima parte del diámetro del universo observable. Los teóricos no se van a aburrir tratando de explicar cómo eso es posible.

Muy muy lejos

En septiembre de 1966, los astronautas a bordo de la cápsula Gemini 11, Charles «Pete» Conrad y Richard Gordon, encendieron el motor del Agena Target Vehicle con el que habían llevado a cabo el acoplamiento. La potencia del cohete elevó la altura máxima de su órbita a 1.373 kilómetros, la que entonces era la mayor distancia alcanzada desde la Tierra. Sigue siendo la órbita más elevada alrededor de nuestro planeta jamás lograda por una nave espacial tripulada.

La mayor distancia a la que los humanos nos hemos alejado de la Tierra es de unos 400.000 kilómetros, y se la debemos a las ocho misiones del Apolo que, o bien alunizaron, o bien rodearon la Luna entre 1968 y 1972. No obstante, algunos de nuestros emisarios robóticos han llegado mucho más lejos. En una luna árida, naranja y cubierta de rocas de Saturno se encuentra la ya difunta sonda Huygens. Tras lanzarse en paracaídas a la superficie de Titán en enero de 2005, llevó a cabo el aterrizaje más lejano de la Tierra de una nave espacial, y hasta la fecha sigue siendo el primer contacto con la superficie de un cuerpo del sistema solar exterior.

Varias sondas espaciales, eso sí, se han aventurado mucho más lejos. De hecho, hay cinco que están de camino a salir del sistema solar: se trata de las Pioneer 10 y 11, las Voyager 1 y 2, y la New Horizons. De entre ellas, la que actualmente se encuentra más alejada del Sol —y del objeto artificial más lejano— es la Voyager 1, a una distancia de unos 24.000 millones de kilómetros o cerca de 160 UA (teniendo en cuenta que 1 UA, o unidad astronómica, es la distancia media entre la Tierra y el Sol). Está tan lejos que las señales de radio que emite, a pesar de viajar a la velocidad de la luz, tardan casi un día en llegarnos.

Las dos sondas Voyager están ya más lejos del Sol que el objeto natural más alejado del sistema solar que hayamos visto hasta la fecha con un telescopio. Ese título lo ostenta actualmente el 2018 AG$_{37}$, un cuerpo compuesto de rocas de hielo cuyo tamaño se extiende varios cientos de kilómetros. Se le ha puesto el acertado sobrenombre de «Farfarout» («Muymuylejano»), se tarda casi un milenio en recorrer su alargadísima órbita y se encuentra a una distancia de entre 175 y 27 UA del Sol.

Los astrónomos sospechan que hay muchos miles de millones de objetos como el «Farfarout» orbitando el Sol, pero que son demasiado pequeños y remotos como para que podamos verlos hoy en día. Se cree que los objetos que más retirados están del sistema solar se encuentran en la Nube de Oort. La teoría apunta a que se trata de una región gigantesca que alberga infinitos cuerpos helados, algunos de los cuales se desvían ocasionalmente y siguen trayectorias que los llevan hacia el sistema solar interior en forma de cometas de período largo. La parte exterior de la Nube de Oort puede encontrarse a una distancia del Sol que va desde las 10.000 a las 100.000 UA, hasta un tercio de la distancia a la estrella más cercana.

Ahora que a Plutón lo han degradado a la categoría de «enano», el planeta más externo del sistema solar es Neptuno, con una media de 30 UA o 4.500 millones de kilómetros de distancia del Sol. Pero hay muchos otros planetas que giran alrededor de otras estrellas. La mayoría de los exoplanetas que se han descubierto en los últimos treinta años se encuentran a varios cientos de años luz de la Tierra. Los planetas son mucho más pequeños y tenues que las estrellas a las que rodean, de ahí que los más cercanos sean los más fáciles de encontrar. Pero en la Vía Láctea se conocen algunos exoplanetas que están a distancias mucho mayores.

En 2006, el telescopio espacial Hubble emprendió la búsqueda de exoplanetas. A la misión se le puso el nombre de SWEEPS (las siglas en inglés correspondientes a «búsqueda de planetas extrasolares eclipsantes en la Ventana de Sagitario»), y utilizaba el método de tránsito, cuya estrategia consiste en buscar pequeñas depresiones en la cantidad de luz que recibimos de una estrella provocadas por los planetas que pasan por delante del disco de la estrella al moverse por su órbita. La Ventana de Sagitario es una región del cielo, si miramos en dirección de la protuberancia central de nuestra galaxia, en la que la visión de las estrellas que se encuentran en dicha protuberancia a unos 27.000 años luz queda relativamente clara tras las nubes de gas y polvo. Orbitando alrededor de una estrella que se encuentra a 27.710 años luz del Sol se encontraron dos planetas del tamaño de Júpiter, el SWEEPS-04 y el SWEEPS-11. Eso los coloca a una distancia mayor que el centro galáctico, pero aun así no son los exoplanetas más lejanos que se conocen dentro de la galaxia de la Vía Láctea.

Los brazos brillantes y espiralados de nuestra galaxia se extienden en un disco aplanado que ocupa algo menos de 100.000 años luz, pero la Vía Láctea llega mucho más allá de esta región estrellada y llamativa. Su halo exterior es un volumen esférico disperso que se extiende al menos medio millón de años luz desde el centro de la galaxia. Entre los habitantes del halo encontramos a las estrellas más lejanas que siguen unidas a la Vía Láctea por el efecto de las fuerzas gravitatorias. Los astrónomos buscan estos soles remotos no solo porque sean casos curiosos, sino porque pueden ofrecernos pistas muy valiosas sobre la formación y la evolución de nuestra propia galaxia. Con el Telescopio de Espejos Múltiples de Arizona, se estudiaron dos gigantes rojas remotas llamadas ULAS J0744+25 y ULAS J0015+01, y se descubrió que se encuentran a distancias de 775.000 y 900.000 años luz, respectivamente. Eso es más del 50 % más lejos del Sol que cualquier otra estrella conocida de la Vía Láctea, y cerca de un tercio de la distancia hasta la galaxia de Andrómeda.[1]

Teniendo en cuenta que los planetas comunes suelen encontrarse alrededor de estrellas cercanas, parece inevitable que por todo el universo haya cantidades ingentes de ellos, tanto dentro de las galaxias como vagando libremente, desligados quizá de las estrellas a las que un día orbitaron, en el vacío intergaláctico. Se han alzado varias voces que dicen haber detectado planetas extragalácticos, pero todavía está por confirmar.

En 2009, un grupo de investigadores registró un caso de microlente gravitatoria en la galaxia grande que más cerca nos queda, Andrómeda.[2] Este fenómeno se da cuando el campo gravitatorio de un objeto en primer plano que no vemos concentra la luz de una fuente más alejada, como una estrella o una galaxia, haciendo que sea visible desde la Tierra. Los detalles del evento de Andrómeda, conocido como PA-99-M2, encajan con el caso de que el objeto que genera esta lente sea una estrella acompañada de un planeta de una masa de unos seis Júpiteres. Algo similar ocurrió en 1996 cuando un equipo de astrónomos observó una fluctuación inusual en la luz procedente de un cuásar remoto, es decir, el núcleo increíblemente brillante de una galaxia activa. Los cambios de luz coincidían con los que podrían haber sido causados por un planeta de una masa equivalente más o menos a tres Tierras que se encontraba en la galaxia responsable del fenómeno de la lente. Esa galaxia se halla a unos 4.000 millones de años luz, con lo cual este planeta podría ser el más lejano jamás detectado. El problema es que el alineamiento casual que llevó al descubrimiento puede no volver a repetirse, así que nunca lo sabremos con total certeza.

El fenómeno de la microlente también estuvo implicado en el descubrimiento de la estrella más lejana jamás vista. Conocida oficialmente con el nombre de WHL0137-LS, pero también llamada Earendel, del vocablo del inglés antiguo que se utilizaba para decir «lucero del alba» y como pequeño guiño a Tolkien, este gigante estelar antiquísimo se detectó por casualidad cuando un cúmulo de galaxias se alineó con él y magnificó su luz en el orden de miles de veces.[3] Cuando el universo tenía menos de mil millones de años, Earendel brillaba millones de veces más que el Sol. Ahora lo vemos tal como era hace unos 13.000 millones de años, aunque en el tiempo que su luz ha tardado en llegarnos, el universo se ha expandido tanto que Earendel se encuentra ahora a la impactante distancia de 28.000 millones de años luz. Dado su brillo y la enorme masa que se le supone, hace ya mucho que explotó.

El hecho de que cuanto más lejos posemos la mirada en el espacio más nos remontemos en el tiempo es bien sabido, pero no por ello deja de impresionar. Los objetos más alejados que hemos visto jamás existían pasado no mucho tiempo desde el Big Bang, cuando surgió el universo. Al estudiarlos, los astrónomos pueden saber más sobre cómo fueron las primeras galaxias y cómo se podrían haber formado a partir del material primordial en los albores del cosmos.

En el año 2016, un grupo de investigadores anunció que, gracias a los resultados del telescopio espacial Hubble y del telescopio espacial

Spitzer, el cual emplea longitudes de onda infrarrojas, habían descubierto la que entonces era la galaxia más remota conocida. A la GN-z11 la vemos tal como era cuando el universo apenas tenía 400 millones de años de vida. Comparada con la Vía Láctea, la GN-z11 tiene más o menos el 4 % de su tamaño, el 1 % de su masa, y forma estrellas nuevas a un ritmo veinte veces más rápido.

En la búsqueda de las galaxias más añejas, los astrónomos cuentan ahora con una herramienta nueva y muy potente, el telescopio espacial James Webb (JWST, por sus siglas en inglés), el instrumento de su categoría más grande que se haya lanzado jamás, que inició sus observaciones científicas en julio de 2022. Ya ha conducido al descubrimiento de varias galaxias que parecen ser todavía más antiguas y, por lo tanto, más lejanas, que la GN-z11. Encabezando la lista está la JADES-GS-z13-0 (JADES es el acrónimo en inglés que corresponde al «sondeo avanzado extragaláctico profundo con el JWST»), la cual vemos tal como era hace tan solo 325 millones de años tras el Big Bang.[4] Su luz ha tardado 13.500 millones de años en llegar a la Tierra. Teniendo en cuenta la expansión cósmica que se ha producido mientras dichos rayos han ido avanzando hacia nosotros, la distancia a la que se encuentra actualmente la JADES-GS-z13-0 es de 33.600 millones de años luz, lo que la convierte en el objeto más lejano jamás visto al tiempo que plantea todo un reto a los científicos: dar con la explicación de la formación de las estrellas y de la galaxia en una etapa tan temprana.

¡Buuum!

Las explosiones son tan antiguas como el propio universo. Las artificiales son algo más recientes y de escala más modesta. El primer explosivo en prepararse fue la pólvora negra, también llamada pólvora a secas, que consistía en una mezcla de carbón vegetal (una forma de carbono), sulfuro y nitrato de potasio o salitre. El carbón vegetal es el combustible, el nitrato de potasio contiene el oxígeno para la combustión, y el sulfuro baja la temperatura necesaria para desencadenar la reacción. La clave para confeccionar pólvora de calidad reside en pulverizar la mezcla finamente, ya que así se consigue que los componentes estén en contacto estrecho para que la reacción sea más rápida; cuanto más rápida sea la reacción, mayor será la explosión.

Los alquimistas chinos dejaron escritas varias recetas de mezclas inflamables ya en los siglos IV y V, y un libro taoísta del año 850 e. c. advierte de tres formulaciones concretas que resultan demasiado peligrosas como para experimentar con ellas. Esta fecha coincide con lo que parece ser el primer uso de la pólvora con aplicaciones militares a finales de la dinastía Tang. A partir de ahí, durante las dinastías Song y Yuan (960-1368), queda claro que en China se habían desarrollado varios métodos ingeniosos de utilizar el explosivo contra sus enemigos, entre ellos, las catapultas, los cohetes, los «cañones de fuego» y las «bolas de fuego». El método para hacer pólvora se extendió primero hacia el mundo árabe y luego llegó a Europa, donde para la década de 1350 se había convertido ya en un arma efectiva en el campo de batalla.

Cualquier reacción química que se pueda acelerar lo suficiente tiene el potencial de ser explosiva, incluso si lo que se quema es algo tan inocuo en apariencia como la harina. Prácticamente cualquier polvo de carbohidratos, incluido el azúcar, la mezcla para hacer pudin y el serrín fino explotarán si se los enciende. Sus granos son tan diminutos que arden al instante. Cuando uno arde, enciende los que tiene a su alrededor, y el frente de llama puede abrirse paso por una nube de polvo con una fuerza explosiva.

La primera explosión de polvo documentada tuvo lugar el 14 de diciembre de 1785 en el almacén de la panadería del señor Giacomelli, en Turín, Italia. Sabemos exactamente lo que ocurrió gracias a la detallada reconstrucción del conde de Morozzo en las *Memorias de la Academia de las Ciencias de Turín*. Una lámpara de aceite que se había colocado para que los trabajadores de la harina pudiesen ver por la noche hizo arder el polvo que se levantó durante la manipulación normal del material. Entonces, según escribe el conde:

> Una explosión echó abajo las ventanas y los marcos de la tienda, que daba a la calle; el estruendo fue como el de un petardo grande, y se oyó a una distancia considerable. [...] La inflamación surgió del almacén de harina [...] donde la labor de un muchacho consistía en remover la harina. La explosión dejó al chico con el rostro y los brazos quemados; tenía el cabello chamuscado, y tardó más de dos semanas en recuperarse de las quemaduras.

En 1878, una explosión mucho más grave de polvo de grano destruyó la fábrica de harina de Washburn «A» Mill, en Mineápolis, Minesota, el edificio industrial más grande de la ciudad y la fábrica de harina más grande del mundo. A consecuencia de la bola de fuego resultante fallecieron veintidós personas, y la explosión se oyó a 16 kilómetros, en la ciudad de Saint Paul.

Para mediados del siglo XIX, los químicos ya habían empezado a desarrollar unos explosivos mucho más potentes que la pólvora. La nitroglicerina, sintetizada por primera vez por el químico italiano Ascanio Sobrero en 1847, es un líquido aceitoso que explota veinticinco veces más rápido que la pólvora y con el triple de energía; el problema es que, tanto sola como mezclada con pólvora, presenta una inestabilidad aterradora.

En abril de 1866 se enviaron tres cajas de nitroglicerina a California para la Central Pacific Railroad, ya que querían poner a prueba su efectividad a la hora de abrir un túnel a través de las montañas de Sierra Nevada. Pero, durante el transporte, una de las cajas estalló en una oficina de Wells Fargo, destruyendo el edificio y matando a quince personas. El químico sueco Alfred Nobel, propietario de una de las fábricas de explosivos más grandes de Europa, perdió a su hermano en una explosión de nitroglicerina. Aquel accidente, junto con las prohibiciones gubernamentales sobre el uso de este explosivo en Estados Unidos, el Reino Unido y otros países, empujó a Nobel a buscar una alternativa más segura. Y la encontró en la dinamita, un explosivo estable que surge de la mezcla de nitroglicerina con un tipo de arcilla conocida como diatomita.

Enseguida se desarrollaron otros explosivos, entre ellos la gelignita, el TNT (trinitrotolueno) y el ácido pícrico. La capacidad explosiva de una bomba o cualquier otro tipo de explosión suele expresarse en toneladas, kilotones o megatones de TNT. El 4 de agosto de 2020, una de las explosiones químicas más violentas de los últimos tiempos hizo estragos en el puerto de Beirut y sus aledaños cuando 2.750 toneladas de nitrato de amonio que no se habían almacenado correctamente detonaron sin querer. La explosión, equivalente a unas 500 toneladas de TNT, provocó 190 muertes y dejó más de 6.000 heridos.

El 6 de diciembre de 1917, no muy lejos de la costa de Halifax, Nueva Escocia, dos barcos colisionaron; uno de ellos, el *SS Mont-Blanc*, iba cargado hasta los topes de TNT, ácido pícrico, benzol (un combustible altamente inflamable) y algodón pólvora. La explosión mató a más de 1.600 personas al instante, redujo a escombros los edificios que se encontraban a 1,6 km^2 a la redonda, y el cañón 90 mm frontal del *Mont-Blanc* salió volando por los aires, alcanzando una distancia de 5,6 kilómetros. La explosión de Halifax, equivalente a 3 kilotones de TNT, fue la mayor explosión química de la historia, pero está lejos de ser la mayor causada por los humanos.

Las armas nucleares pueden liberar cantidades ingentes de energía. La bomba que se lanzó contra Hiroshima, pequeña según los estándares actuales, tuvo una potencia equivalente a unos 67 kilotones de TNT. También era sumamente ineficiente, ya que solo el 1,7 % de los 64 kilogramos de uranio-235 que contenía liberaron energía destructiva. El dispositivo nuclear más potente jamás detonado fue la Bomba del Zar, conocida también como Gran Iván, puesta a prueba por la Unión Soviética en 1961.[1] Su potencia equivalió a 50 megatones de TNT, es decir, la misma que tendrían 3.800 bombas de Hiroshima explotando a la vez. Fue lanzada con un paracaídas desde un avión que sobrevoló la isla desierta de Novaya Zemlya, y estalló a 4 kilómetros por encima del suelo, generando un destello que pudo verse a 1.000 kilómetros de distancia y una enorme nube de hongo que alcanzó más de 60 kilómetros de altura.

Las explosiones naturales que se dan en la Tierra, como las que provocan las grandes erupciones volcánicas y los impactos de asteroides, pueden dejar en ridículo hasta la fuerza más destructiva generada por la humanidad. Pero, a su vez, parecen insignificantes en comparación con algunas de las colosales explosiones que se dan en el espacio. Las explosiones de la superficie del Sol, conocidas como erupciones solares, suelen liberar una energía un millón de veces superior a la que emite un volcán en erupción, y eso que el Sol, en el contexto astronómico, es una estrella tranquila y discreta.

Cuando otras estrellas que son más grandes y masivas llegan al final de sus días, son de todo menos tranquilas. Las estrellas cuyo peso es diez veces superior a la masa del Sol experimentan una transición súbita y sorprendente cuando se quedan sin combustible de fusión útil. Al ser incapaces ya de mantenerse a flote bajo la presión hacia el interior de la gravedad a través de la generación de luz y calor, colapsan de pronto para restablecerse al instante y expulsar la mayor parte de sus contenidos al espacio, a unas velocidades que alcanzan una octava parte de la de la luz. La violenta muerte y el enorme vertido de energía de una supernova le permite brillar más que una galaxia entera formada por cientos de miles de millones de estrellas durante varios días o semanas. En ese período, su producción de energía puede igualar la de una estrella media, como el Sol, durante todos sus 10.000 millones de años de vida.

¿Qué explosión puede ser más grande que una estrella que estalla en una fracción de segundo? Pues el estallido de una estrella mastodóntica —que pese hasta cien veces más que el Sol—, que emite una descarga atroz de rayos gama de alta energía. Se cree que este tipo de megaexplosiones son la causa principal de unos fenómenos inusuales conocidos como brotes de rayos gamma, los cuales pueden liberar una energía entre diez y cien veces superior a la de una supernova convencional y detectarse a miles de millones de años luz de distancia.

Pero justo cuando los astrónomos se habían convencido de que las detonaciones de las estrellas más masivas debían ser las campeonas de los eventos explosivos cósmicos, llegó algo todavía más grande y violento. Con su extraordinaria virulencia y luminosidad se ha granjeado el sobrenombre de BOAT, siglas en inglés de *brightest of all time* («el más brillante de todos los tiempos»). El BOAT se descubrió gracias a la combinación de datos de varios instrumentos: en el espacio, el observatorio de rayos X Chandra de la NASA y el XXM-Newton de la Agencia Espacial Europea y, en tierra, el radiotelescopio Murchison Widefield Array y el radiotelescopio gigante Metrewave. El origen de la explosión radicaba en el cúmulo de Ofiuco, a unos 390 millones de años luz de la Tierra.

Los investigadores que estudiaban el cúmulo de Ofiuco encontraron una burbuja enorme en el gas caliente que ocupa el espacio entre sus galaxias.[2] Esta cavidad intergaláctica mide 1,5 millones de años luz de longitud, un tamaño suficiente como para meter quince Vías Lácteas formando una hilera. Era evidente que había surgido a causa de los chorros que salían disparados del agujero negro supermasivo del centro de la galaxia que ocupaba el corazón del cúmulo, pero lo que los dejó sorprendidos fue la energía que había participado en el fenómeno, ya que multiplicaba por mil millones la de la potente explosión de una supernova, solo que en lugar de ser liberada de una sola y súbita vez, fue vertiéndose de forma continuada y descomunal a lo largo de meses, quizá años.

Carreras por el cosmos

Las naves que dan la vuelta a la Tierra más rápidamente son las que siguen las órbitas más bajas. La Estación Espacial Internacional, a apenas 420 kilómetros por encima de la superficie, avanza a unos 28.000 km/h. Si una nave siguiese una órbita mucho más baja que esta, rozaría las capas externas de la atmósfera, y la fricción resultante la ralentizaría hasta el punto de provocar su reentrada. Por ello, esos 28.000 km/h son el máximo que pueden alcanzar los satélites que orbitan la Tierra.

Para escapar de las garras de la fuerza gravitatoria terrestre, la nave en cuestión debe tener una velocidad inicial de 11,2 km/s o, lo que es lo mismo, 40.000 km/h. La velocidad máxima a la que los humanos han viajado por el espacio, en este caso los astronautas del Apolo 10, se situó justo por debajo de la velocidad de escape de la Tierra cuando, al regresar de orbitar la Luna, su cápsula alcanzó los 39.897 km/h.

La mayor velocidad de reentrada en la atmósfera se situó en 46.100 km/h y fue alcanzada por la sonda Stardust a su regreso, en 2006, del cometa Wild 2 con muestras de polvo cósmico. La velocidad más elevada de escape de la Tierra fue de 58.500 km/h, alcanzada ese mismo año por la New Horizons al salir en dirección a Plutón y más allá.

La New Horizons es una de las cinco naves que van a salir del sistema solar. De hecho, al menos dos de ellas, la Voyager 1 y la Voyager 2, ya han llegado al espacio interestelar. Para asegurarse de escapar de la fuerza gravitatoria del Sol sin tener que impulsar su velocidad de forma adicional, el objeto en cuestión debería viajar a unos 151.300 km/h al salir de la órbita terrestre. Ninguna de nuestras sondas dirigidas a las estrellas lo hizo, pero la razón por la que están saliendo del sistema solar es que su velocidad recibió un impulso deliberado al pasar cerca de planetas por el camino, recibiendo así ayudas gravitatorias por su parte.

Cuando hablamos de la velocidad de los objetos en el espacio, es importante dejar claro a qué es relativa dicha velocidad medida: a la Tierra, a la Luna, al Sol o a algún otro cuerpo. La sonda espacial Galileo viajaba a una velocidad relativa a Júpiter de más de 173.000 km/h cuando entró en la órbita del planeta gigante en 2003. Trece años después, otra nave robótica, Juno, entró en la órbita de Júpiter a 209.000 km/h.

A la velocidad de Juno, viajar de Londres a Nueva York llevaría dos minutos, y se tardaría algo menos de dos horas en llegar a la Luna. Pero eso no es nada con la actual campeona en materia de velocidad, la Sonda Solar Parker.[1] Lanzada en 2018, su misión consiste en estudiar la corona exterior del Sol desde una órbita increíblemente pequeña. En 2021, alcanzó una velocidad de 587.000 km/h relativa a la superficie del Sol. En 2025, se acercará a 6,9 millones de kilómetros del Sol, menos de 10 radios solares, para cuando habrá alcanzado una velocidad de 690.000 km/h.

Por mucho que nos parezca una velocidad de infarto, es solo el 0,064 % de la velocidad de la luz. Si la Sonda Solar Parker viajase directamente hacia la próxima estrella pasado el Sol, Próxima Centauri, la cual se encuentra a 4,25 años luz de distancia, a su velocidad máxima, tardaría más de 6.500 años en llegar.

Puede que en décadas venideras construyamos naves más rápidas impulsadas por medios como la fusión nuclear. Este tipo de naves podrían recorrer distancias interestelares en períodos mucho más cortos, pero, hasta entonces, tendremos que recurrir al universo natural para encontrar cosas que viajen a una velocidad excepcional.

En el sistema solar, los objetos más rápidos en relación con el Sol —aplicando el mismo principio que en el caso de los satélites que orbitan la Tierra— son los que siguen las órbitas más pequeñas a su alrededor. Mercurio, el planeta más interior, presenta una velocidad

Interpretación artística de la aproximación de la Sonda Solar Parker al Sol.

orbital de 47 km/s (169.200 km/h). No sorprende saber que va más lento que la Sonda Solar Parker, ya que su órbita no se acerca tanto al Sol como la de esta sonda.

Los que sí son veloces de verdad dentro del sistema solar son los cometas que rozan el Sol. Un ejemplo extremo de ellos fue el Gran Cometa de 1843, el cual se acercó a 121.000 kilómetros de la superficie del Sol. En el punto de mayor cercanía habría avanzado a unos 570 km/s, o a unos 2 millones de km/h. La mayoría de los cometas que se acercan tanto al Sol se desintegran, pero el Gran Cometa de 1843 evitó tal destino y ahora se dirige hacia las remotas profundidades del sistema solar, y se encuentra más de cinco veces más lejos que Neptuno.

Todas las estrellas de nuestra galaxia se mueven en relación con el centro de la Vía Láctea. El Sol se mueve a unos 24 km/s o, lo que es lo mismo, a 864.000 km/h alrededor del centro galáctico. A esta velocidad, tarda unos 230 millones de años en dar una vuelta completa alrededor de la galaxia, lo que se considera un año galáctico. En general, las estrellas que se encuentran más cerca del centro se mueven más rápido, pero hay excepciones.

Las llamadas estrellas fugitivas han sido sometidas a algún fenómeno traumático que las ha sacado de sus antiguos caminos y las ha lanzado por el espacio a un ritmo vertiginoso. Si una estrella es vecina de otra que explota y se convierte en una supernova, o si pasa muy cerca de otra estrella, puede verse despedida y adoptar otra trayectoria a una velocidad muy elevada. Un ejemplo muy famoso implica a tres estrellas fugitivas: la AE Aurgae, la 53 Arietis y la Mu Columbae. Las tres se están alejando las unas de las otras a velocidades de más de 100 km/s. Al rastrear sus trayectorias, los astrónomos han descubierto que sus caminos se cruzaron en un punto cercano a la nebulosa de Orión hace unos 2 millones de años. En ese lugar hoy se encuentra una estructura gigante conocida como el Bucle de Barnard, los vestigios de una supernova que lanzaron a este trío de estrellas hacia sus trayectorias actuales cuando nuestro antepasado *Homo habilis* aún se paseaba por la Tierra.

Las que son más rápidas aún son las estrellas hiperveloces, algunas de las cuales pueden superar la velocidad de escape de la galaxia. Una estrella hiperveloz típica se mueve a más de 1.000 km/s en relación con el centro galáctico. La velocidad más rápida de la que hay registro —y, de hecho, la estrella más rápida hasta el momento— es la S4714, la cual orbita muy cerca del agujero negro supermasivo del centro de la galaxia. Es una de los cientos de estrellas que se encuentran cerca del centro de la galaxia, a las que la fuerza gravitatoria del enorme agujero negro catapulta a lo largo de sus órbitas a toda velocidad. La S4714 va a unos 24.000 km/s, más del 8 % de la velocidad de la luz.[2]

Quién sabe si otras estrellas hiperveloces aún más rápidas están por descubrir. Los astrónomos estiman que si una estrella se acerca demasiado al agujero negro central, puede verse abocada a uno de dos destinos drásticos: o bien el intenso campo gravitatorio la hace pedazos, o bien sale despedida de la Vía Láctea y acaba en el vacío intergaláctico. En los últimos años se han descubierto cientos de estrellas hiperveloces, la mayoría de ellas en trayectorias de escape de la galaxia.

Las estrellas necesitan una velocidad de al menos 550 km/s para desligarse de sus anclajes galácticos. De entre estas prófugas estelares, la que ostenta el récord hoy en día es una estrella caliente y blanca llamada S5-HVS1 que se encuentra a 29.000 años luz de la Tierra, en la constelación austral de Grus, y que se dirige al espacio intergaláctico a una velocidad de 1.755 km/s (unos 6 millones de km/h). Ahora bien, los astrónomos sospechan que puede haber estrellas mucho más rápidas saliendo de la Vía Láctea tras haberse acercado demasiado al agujero negro supermasivo del centro y haber salido despedidas a unas velocidades de entre 30.000 y 100.000 km/s, entre una décima y una tercera parte de la velocidad de la luz.

Las estrellas se mueven en relación con las galaxias que habitan, y las galaxias se mueven en relación con las demás galaxias. Nuestra propia ciudad estelar, la Vía Láctea, y su vecina grande más cercana, la galaxia de Andrómeda, se están acercando la una a la otra a una velocidad de unos 110 km/s y, de hecho, terminarán colisionando en unos 5.000 millones de años. Sin embargo, la mayoría de las galaxias se están alejando de nosotros a causa de la expansión general del universo. Las más lejanas conocidas, a las que vemos tal como eran cuando el universo no pasaba de tener unos pocos cientos de millones de años de antigüedad, se están alejando de nosotros a una velocidad muy superior a nueve décimas partes de la velocidad de la luz a causa de la expansión cósmica.

Existen otros fenómenos que se acercan a la velocidad de la luz y que implican a fragmentos de materia menos sustanciales que las estrellas y las galaxias. Se han encontrado masas amorfas de gas caliente del tamaño de Júpiter que salen a toda velocidad desde unas galaxias hiperactivas y remotas, conocidas como blázares, al 99,9 % de la velocidad de la luz. La cantidad de energía que se necesita para que estos amasijos de plasma viajen a tal velocidad es enorme. Toda la energía que generamos en la Tierra durante una semana apenas lograría acelerar un pedacito de plasma de densidad equivalente a una bola de bolos hasta ese punto.

No hay nada que avance más rápido que la luz. No hay nada que tenga la más mínima cantidad de masa al estar estática que pueda llegar a alcanzar la velocidad de la luz, por mucha energía que se invierta en el proceso. Pero algunas cosas se acercan, y mucho. Al margen de la propia luz, lo más rápido del universo son los rayos cósmicos de ultraalta energía. Estas partículas cargadas —en su mayoría protones— pueden alcanzar no solo el 99,9 % de la velocidad de la luz, sino el 99,9 seguido de 19 nueves más por ciento. Cómo han llegado a unas velocidades y energías tan extraordinarias sigue siendo un interrogante, pero entre los sospechosos más populares están las colisiones entre cúmulos de galaxias y la potencia aceleradora de los agujeros negros supermasivos que se encuentran en el terrorífico corazón de los blázares.

MATERIALES

CAPÍTULO
20

Pero mira que estás espeso

«Pesa como si fuese de plomo». Esta expresión, además de coloquial, es cierta: teniendo en cuenta su tamaño, el plomo pesa bastante. Una pelota de críquet pesa unos 160 gramos y tiene un radio de unos 3,6 centímetros. Una bola sólida de plomo del mismo tamaño pesaría 2,2 kilos. Y si cambiamos el plomo por oro, la bola pesaría más del 50 % más, acercándose a los 3,8 kilos.

Si divides la masa de un objeto por su volumen, hallarás su densidad. La densidad del plomo es de 11,3 g/cm³, mientras que la del oro es de 19,4 g/cm³. Hay un puñado de elementos que son todavía más densos, entre ellos, el tungsteno y el platino. Pero el más denso de todos es un metal precioso mucho más escaso que el oro o el platino: se trata del elemento 76, el osmio, del que ya hemos hablado en el capítulo 14. Una pelota de críquet hecha de osmio pesaría unos 4,4 kilos, algo más que la que se usa en las pruebas de lanzamiento de peso femeninas. En la Tierra no encontrarás una sustancia más densa.[1]

Sin embargo, los extremos que tenemos en la Tierra parecen insignificantes si los comparamos con los que vemos en otras partes del cosmos. Te puedes hacer una idea de lo que puede llegar a ser posible si piensas en la composición de las sustancias más conocidas. Todo lo que nos rodea está hecho de átomos. Un átomo de osmio, por ejemplo, consiste en un núcleo que contiene 76 protones y, por lo general, 116 neutrones alrededor de los que circula una nube de 76 electrones. El núcleo es la única parte sustancial, y representa casi toda la masa del átomo. Aun así, el núcleo es diminuto comparado con el átomo en su conjunto. Un núcleo de osmio tiene un radio de tan solo $7{,}2 \times 10^{-15}$

metros, o 7,2 picómetros. Eso es 25.000 veces más pequeño que el radio de un átomo de osmio, y equivale a la ratio del volumen entre el átomo y su núcleo, de unos 15 billones.

A todo esto, puede que te estés preguntando por qué el osmio tiene una densidad mayor que el elemento que cuenta con el núcleo más pesado de la naturaleza, el uranio. La razón es que el átomo de osmio es relativamente pequeño en relación con la masa de su núcleo porque los electrones más exteriores están muy juntos, lo cual hace que el tamaño general sea compacto.

En un átomo, lo que más hay es espacio vacío. Por eso, lo que desde fuera puede parecer un objeto duro y sólido, como una roca o una barra de hierro, en realidad es casi fantasmagórico gracias a su vacío interior. A pesar de eso, es muy difícil hacer que algo sólido se vuelva más denso a base de estrujarlo, porque los átomos son extremadamente fuertes y rígidos. Incluso las inmensas presiones que encontramos en las profundidades de un planeta solo logran comprimir la materia sólida hasta un punto modesto.

Las estrellas, por su parte, son mucho más masivas que los planetas, de forma que el enorme peso de las capas superiores ejerce mucha más presión sobre sus profundidades. La presión del centro del Sol es unos 265.000 millones de veces superior a la presión atmosférica al nivel de la superficie de la Tierra. Además, el núcleo del Sol está muy caliente, a unos 15.000.000 °C. A esta temperatura, los átomos pierden todos sus electrones, y lo único que queda son núcleos desnudos. La sopa caliente de electrones libres y núcleos desnudos se conoce como plasma, el cuarto estado de la materia que se distingue de los sólidos, los líquidos y los gases.

Dado que la estructura atómica se ha descompuesto hasta formar un plasma, es posible aplastar los electrones y los núcleos que lo componen mucho más que si se tratase de materia ordinaria, lo que da lugar a una densidad más elevada. Esto ocurre incluso a pesar de que los núcleos que se encuentran en el interior de la mayoría de las estrellas, como el Sol, pertenezcan a los elementos más ligeros de todos: el hidrógeno y el helio. Se estima que la densidad del núcleo del Sol alcanza hasta los 160 g/cm^3, es decir, siete veces mayor que la del osmio. Una pelota de críquet hecha de plasma caliente sacado del centro del Sol pesaría unos 31 kilos, o más o menos como un niño de diez años.

En un futuro cercano, la densidad de las profundidades del Sol aumentará aún más. En algún momento, dentro de varios miles de millones de años, todo el hidrógeno del núcleo del Sol se habrá convertido en helio gracias a la fusión nuclear. Para empezar, este helio no tendrá la temperatura suficiente como para formar elementos más pesados. Así que lo que ocurrirá será que el peso de las capas superiores lo estrujará cada vez más, lo que a su vez hará que su densidad aumente drásticamente hasta unos 10 millones de gramos —10 toneladas— por centímetro cúbico. Solo entonces entrará en juego otra fuerza que evitará que se siga comprimiendo. Los electrones del plasma de helio comprimido se resistirán a juntarse todavía más por medio de un fenómeno llamado principio de exclusión de Pauli. Según esta regla, no puede haber dos electrones adyacentes en el mismo estado exacto, tal como establecen cuatro cantidades especiales llamadas números cuánticos.

La materia que se comprime tanto que el principio de exclusión entra en juego para evitar que la compresión vaya a más se conoce como «degenerada». En una etapa avanzada de su proceso evolutivo, las estrellas como el Sol crecen hasta convertirse en gigantes rojas antes de desprenderse de sus capas externas hinchadas y dejar en su lugar enanas blancas calientes y de tamaños planetarios. Estos núcleos estelares expuestos están hechos casi en su totalidad de materia degenerada, condenados a enfriarse durante toda la eternidad, pero a salvo de experimentar más implosiones gravitatorias gracias a la presión de los electrones que se resisten a un mayor hacinamiento.

El Sol es una estrella de lo más común que nos parece enorme y muy brillante solo porque la tenemos muy cerca. Como ya hemos visto, muchas estrellas son más grandes, más brillantes y, centrándonos más en el tema que nos ocupa, más masivas que el Sol. Por consiguiente, sus finales también son más extremos. Una estrella mucho más pesada que el Sol explotará con gran violencia al final de su vida, dejando como legado un núcleo que no se puede estabilizar hasta el punto de convertirse en una enana blanca. Pero si el núcleo que queda pesa más de unas 1,4 veces más que el Sol, con la degeneración de los electrones no basta para evitar que el núcleo se derrumbe todavía más bajo la fuerza de su propia gravedad. Los electrones y los protones están tan hacinados que se combinan para convertirse en neutrones, dando así lugar a un núcleo estelar diminuto pero masivo conocido como estrella de neutrones.

Imagina la masa de un Sol y medio embutido en una bola de apenas 10 kilómetros de ancho. Estará hecha de «neutronio», una forma de materia ultradensa en la que los neutrones, quizá con algunos protones y electrones por aquí y por allá, están muy juntos. Una pelota de críquet de neutronio pesaría unos 200.000 millones de toneladas, o más o menos lo mismo que el Everest. Lo único que hace que una estrella de neutrones se comprima a sí misma hasta convertirse en un cuerpo aún más pequeño es la degeneración de los neutrones que tiene lugar cuando el principio de exclusión actúa sobre esos neutrones tan juntos y apretados.[2]

Es posible que exista un estado más denso en los núcleos de algunas estrellas de neutrones. Si la temperatura y la presión del corazón de una estrella de neutrones son lo suficientemente elevadas, la teoría nos dice que la presión de la degeneración de los neutrones podría superarse. De ser así, los neutrones se verían obligados a unirse y descomponerse en quarks, los ladrillos que conforman las partículas como los protones y los neutrones. Esto desencadenaría una fase ultradensa de la materia conocida como materia de quarks.[3]

La cuestión de si la materia de quarks y las estrellas de quarks existen en el universo actualmente de momento no tiene respuesta, pero lo que sí es seguro es que si el núcleo estelar que queda después de que una estrella explote tiene una masa de más del doble la masa del Sol, entonces nada le impediría avanzar hasta el estado último del colapso gravitatorio. Una vez superado el límite de dos masas solares, ni siquiera la presión de degeneración de los electrones, de los neutrones o de los quarks puede evitar que la gravedad comprima el núcleo y, en un abrir y cerrar de ojos, lo convierta en un agujero negro.

El conocimiento de la física actual sobre lo que ocurre dentro de un agujero negro, en el interior de su horizonte de sucesos, del cual ni siquiera la luz consigue escapar, es limitado. Si el agujero negro no rota, la teoría actual predice que la densidad de la materia que se encuentra en su centro es infinitamente elevada. Esta predicción refleja más nuestra ignorancia que los hechos: las leyes de la física tal como las conocemos se desmoronan en cuanto llegamos a su llamada singularidad central. Pero la cosa cambia por completo si resulta que el agujero negro rota, lo cual en realidad es prácticamente seguro, porque evolucionó a partir de una estrella que giraba. La singularidad del interior de un agujero negro, en el que se concentra toda su masa, no adquiere la forma de un punto, sino de un anillo. La densidad de su materia, pues, aunque sea increíblemente elevada, al menos será finita.

Hoy en día, los agujeros negros ostentan muchos de los récords de la física del universo, incluido el de mayor densidad. Pero hay un evento cósmico que supera incluso los superlativos de los agujeros negros. Hace unos 13.800 millones de años, toda la materia y la energía que hoy nos rodea surgió por medio de una explosión durante el fenómeno más inconcebible de todos, el Big Bang. El primer momento significativo del que podemos hablar en el contexto de la ciencia hoy en día es una cienmilésima de la billonésima de la trillonésima de la trillonésima parte de un segundo, o 10^{-43}, de un segundo después del punto en que empezó a existir el tiempo. En este instante tan pasado, la gravedad se separó de las otras tres fuerzas fundamentales de la naturaleza. Toda la masa y la energía que hoy vemos en el universo había estado metida en un volumen de espacio de apenas $1,6 \times 10^{-35}$ de un metro de longitud, algo muchísimo más pequeño que un protón o un neutrón. No es de extrañar, pues, que su densidad superase a la de cualquier otra cosa que se le haya parecido o vaya a parecérsele jamás, con unos abrumadores 10^{90} kg/cm^3.

Negro

De joven fui a visitar la Blue John Cavern en Castleton, Derbyshire, una cueva abierta al público que estaba cerca de donde vivía. El guía te lleva a una profundidad de más de 60 metros hasta llegar a un espacio que parece una catedral, rodeado de formaciones rocosas y estalactitas... Y entonces, va y apaga la luz. Desde la superficie no llega ni el más mínimo rayo de luz, y tampoco hay ninguna fuente artificial de iluminación, de forma que te ves inmerso en la más total y absoluta oscuridad. Pero esta negrura se debe a la ausencia de luz; en cambio, una superficie o un material que sean completamente negros, por mucho que los bañes de luz, seguirán siendo tan oscuros como la más profunda de las cuevas.

Así como la luz blanca es la mezcla de todos los colores del arcoíris, el negro es la ausencia de cualquiera de ellos. Como al blanco, a veces se lo considera un color por derecho propio, pero dado que no aparece en ningún punto del espectro visible, que cubre desde el rojo hasta el violeta, técnicamente es un matiz. El caso es que, lo llamemos como lo llamemos, nada contrasta mejor sobre el blanco o cualquier otro color claro, y de ahí que lleve utilizándose para hacer destacar las comunicaciones escritas desde los inicios de la historia de la humanidad.

El negro tiene aplicaciones prácticas y también artísticas. Además, ha venido a representar ciertas cualidades, como la solemnidad y la autoridad, y a simbolizar la muerte y el duelo. Su importancia ha llevado a buscar formas de crear sustancias más oscuras y duraderas y, en los últimos tiempos, ha dado pie a la búsqueda del negro más negro de todos.

Incluso antes del lenguaje escrito, los pintores de las cuevas de Lascaux y otros yacimientos paleolíticos recurrieron a los pigmentos negros para sus impactantes imágenes de animales grandes y escenas de caza. Empezaron usando el carbón de las hogueras, pero luego pasaron a quemar huesos o a hacer polvo de óxido de manganeso natural para crear un material con el que dibujar. Para ligar la mezcla, utilizaban grasa animal y resina.

Las primeras tintas negras se hacían a partir del polvo de hollín, minerales oscuros pulverizados como el grafito y pigmentos naturales de plantas y animales suspendidos en agua. Con el tiempo, las distintas culturas fueron descubriendo cómo hacer tinta más espesa y permanente y menos dada a la decoloración. Del mismo modo, se comenzaron a hacer tintes negros mejorados para la ropa y otros tejidos. A menudo debían seguir procesos físicos y químicos complejos que se fueron descubriendo con el tiempo y a base de ensayo y error. El negro de las figuras negras de la cerámica griega, por ejemplo, se conseguía a través de un delicado proceso de cocción en tres fases a tres temperaturas distintas.

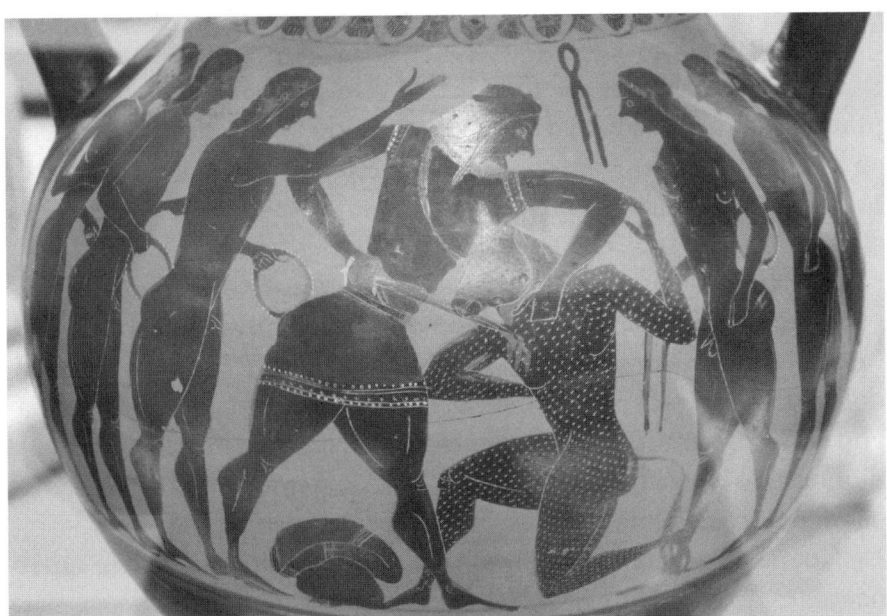

Ánfora de cerámica negra ateniense, del siglo XVI a. e. c., en la que aparece Teseo matando al Minotauro.

Para según qué cosas, cuanto más negras fuesen, mejor. Las paredes interiores de los instrumentos ópticos, como los telescopios, los microscopios y las cámaras, deben reflejar o transmitir la mínima luz posible para no interferir con la imagen final. El desarrollo de instrumentos ópticos especializados y altamente sensibles para fines científicos y militares ha traído consigo la necesidad imperiosa de contar con superficies extremadamente negras. Las agencias espaciales como la NASA y los departamentos de defensa son algunas de las instituciones que han financiado investigaciones para dar con negros más negros para evitar, por ejemplo, que cualquier rayo de luz que ande suelto entre en los telescopios y mejorar así el rendimiento de las cámaras infrarrojas tanto en la Tierra como en el espacio.

En 2002, los investigadores del Laboratorio Nacional de Física de Teddington, en Londres, anunciaron que habían desarrollado un tratamiento nuevo para las superficies llamado supernegro. Hacía ya más de dos décadas que se había descubierto que el fresado químico de una aleación de níquel y fósforo podía dar lugar a un negro más intenso. Pero, hasta el descubrimiento del laboratorio, nadie había conseguido encontrar una formulación de níquel-fósforo y un proceso de fresado que ofreciera mejores resultados a la hora de absorber la luz que la pintura más negra.[1]

El supernegro refleja entre diez y veinte veces menos luz que la pintura negra más efectiva que se haya usado para reducir los reflejos en los instrumentos. Para crearlo, el objeto que queremos ennegrecer se sumerge durante varias horas en una solución de sulfato de níquel e hipofosfito de sodio, que genera un revestimiento de níquel y fósforo cuya superficie se fresa con ácido nítrico para crear la superficie supernegra buscada. El porcentaje de fósforo presente en dicho revestimiento determina cómo se comportará la superficie tras el fresado. Si contiene más del 8 %, la superficie tendrá una textura puntiaguda, pero, si contiene más o menos el 6 %, estará cubierta de cráteres diminutos. Estos hoyos microscópicos son mucho más eficientes cuando se trata de no devolver la luz que caiga sobre ellos.

Cuando la luz impacta en ángulos rectos en una superficie supernegra, esta reflejará menos del 0,35 % de dicha luz, es decir, siete veces menos que la pintura negra. A medida que aumentan los ángulos, también lo hace su ventaja: en un ángulo de 45 grados, el supernegro refleja veinticinco veces menos luz que la pintura negra. Resulta especialmente útil para revertir las partes de aquellos instrumentos que deban mantenerse fríos, como los telescopios espaciales infrarrojos, porque, a diferencia de la pintura común y corriente, no se agrieta a bajas temperaturas.

En 2014 se anunció la existencia de una sustancia todavía más negra que el supernegro. Se conoce como Vantablack, ya que VANTA es un acrónimo que en inglés corresponde a «conjunto de nanotubos alineados en vertical». El físico japonés Sumio Iijima descubrió los nanotubos de carbono durante sus experimentos en 1991. Cada uno consiste en un tubo hueco que mide unos pocos o algunas decenas de nanómetros (o milmillonésimas de un metro) de diámetro, con una pared cilíndrica hecha de una distribución mallada de moléculas de carbono.

Desde el primer momento se observó que los nanotubos de carbono presentan una serie de propiedades físicas extraordinarias. Como conductores del calor y la electricidad son sumamente eficientes, y su tensión de rotura es muy elevada. Más adelante, el ingeniero británico Ben Jensen, fundador de la empresa Surrey NanoSystems, descubrió que los nanotubos, si se alinean como si se tratase de los árboles de un bosque, son increíblemente efectivos a la hora de absorber la luz.[2]

El revestimiento de Vantablack original de Jensen se conseguía a través de un proceso conocido como deposición química en fase de vapor, que se llevaba a cabo en un recipiente de reactor a 400 °C y en un contexto de casi vacío. Con ello se formaba una capa superficial compuesta por millones y millones de nanotubos de carbono, cada uno de unos 10 nanómetros de diámetro y 30 micrómetros de longitud. Este revestimiento absorbía hasta el 99,965 % de la luz visible que le llegaba, sin importar el ángulo desde el que se mirara. El resultado es impresionante. En ningún objeto revestido de Vantablack se observa relieve alguno: no hay arrugas, muescas ni marcas de ningún tipo.

Cuando Surrey NanoSystems vendió los derechos exclusivos del uso del Vantablack como material artístico a Anish Kapoor, escultor y creador de instalaciones británico de la India, surgió una gran polémica.[3] Muchos de los colegas de profesión de Kapoor se mostraron indignados por la posibilidad de que les negase el acceso al más puro de los negros para sus obras creativas. Como protesta, el artista británico Stuart Semple desarrolló un pigmento llamado «Pinkest Pink», «el rosa más rosa», y lo puso a la venta en su página web acompañado del siguiente aviso legal:

> Al añadir este producto a tu cesta confirmas que no eres Anish Kapoor, que no estás afiliado con Anish Kapoor en ningún sentido, que no estás adquiriendo este producto en nombre de Anish Kapoor o de algún colaborador de Anish Kapoor. Por lo que sabes, la información que manejas y lo que crees, esta pintura no llegará a las manos de Anish Kapoor.

En 2019, BMW colaboró con Surrey NanoSystems en la creación del VBX6, una versión de la serie coupé X6 pintada con espray con un tipo más reciente de Vantablack que es más fácil de aplicar que el original. Salvo las ventanas, las ruedas y los faros, desde lejos el coche parecer casi bidimensional, como una silueta.[4]

También en 2019 se anunció un material que es todavía más negro que el Vantablack. Se compone asimismo de nanotubos de carbono alineados en vertical, pero el proceso de fabricación es distinto.[5] La intención de los ingenieros Brian Wardle y Kehang Cui, del Instituto de Tecnología de Massachusetts (MIT), no era crear un negro más negro, sino experimentar con formas de aplicar nanotubos de carbono en materiales conductores de la electricidad, como el aluminio, para mejorar sus propiedades eléctricas y térmicas. Sin embargo, al tratar de aplicar los nanotubos sobre el aluminio, se toparon con un problema: cuando el metal está expuesto al aire, se forma una capa de óxido. Esta capa lo que hace es aislar en lugar de conducir la electricidad, así que debían eliminarla.

El grupo del MIT ya había estado utilizando materiales comunes como la sal de mesa (cloruro sódico) y bicarbonato sódico para generar los nanotubos de carbono, y es bien sabido que el agua del mar disuelve el óxido de las superficies de aluminio antes de empezar a corroer lentamente el propio metal. Los investigadores siguieron este enfoque, empaparon papel de aluminio en agua marina para eliminar la capa de óxido y metieron el papel de aluminio en un horno para hacer crecer los nanotubos mediante la deposición química en fase de vapor. Observaron lo que esperaban, es decir, que los nanotubos aumentaban la conductividad eléctrica y térmica del material revestido, pero, cuando midieron la cantidad de luz que este reflejaba, se quedaron atónitos al ver que era muy poca.

La combinación de nanotubos y aluminio del MIT absorbía al menos el 99,995 % de la luz que recibía, y su efectividad era la misma desde todas las direcciones. Era incluso más negra que el Vantablack. La pregunta de por qué llega a ser así de oscura sigue abierta, pero es evidente que se debe al efecto combinado del aluminio, que queda algo ennegrecido durante el proceso de fresado, y los nanotubos de carbono.

Como ya ocurrió con el Vantablack, el revestimiento descubierto por el MIT está adoptando usos en los campos de la tecnología y el arte. Diemut Strebe, artista residente en el Centro para las Artes, las Ciencias y la Tecnología del MIT, ha colaborado con Wardle y su equipo para revestir un diamante amarillo de gran tamaño, valorado en unos 2 millones de dólares, con el nuevo material ultranegro. El contraste entre la piedra preciosa en su estado normal, con sus lados relucientes y bien definidos, y su forma alternativa completamente oscurecida, indefinida y de un negro impenetrable, es impresionante.

En su búsqueda de exoplanetas, el astrofísico sénior de la NASA John Mather le ha encontrado un uso más práctico al revestimiento más negro que existe. Recibimos tan poca luz de los mundos que giran en torno a otras estrellas que, para que resulten visibles, es imperativo eliminar todo tipo de reflejo no deseado. Mather ha apuntado que el material desarrollado por el MIT sería perfecto para aplicarlo en la superficie de un ocultador enorme que proteja a un telescopio buscador de planetas de cualquier rayo de luz.

Cuando pensamos en el espacio, nos lo imaginamos negro, pero en realidad está repleto de la luz que emiten sus infinitas estrellas. Incluso el vacío intergaláctico, donde las estrellas escasean, es atravesado por cantidades enormes de fotones —partículas de luz— procedentes de todos los rincones del universo. Solo hay un tipo de objeto más oscuro que todo lo que hemos mencionado hasta ahora. Por definición, los agujeros negros son las regiones del espacio de las que nada, ni siquiera la luz, puede escapar. No hay nada que absorba mejor la luz que los agujeros negros; son lo más oscuro de entre lo oscuro.

Reflejos y reflexiones

Los primeros espejos no fueron otra cosa que estanques de agua quieta y oscura. Habrían sido casi la única forma de verte a ti mismo en la época prehistórica, porque para que una superficie dé un reflejo auténtico debe ser muy plana y más lisa que la longitud de onda de la luz (entre unas 40 y 70 millonésimas de un centímetro).

Aparte del agua, los únicos espejos que encontramos en la naturaleza son las superficies planas de algunos cristales y formas de vidrio natural. Estas últimas incluyen la obsidiana, un vidrio oscuro y natural que se forma cuando la lava que escupe un volcán se enfría muy rápidamente. Entre los primeros espejos fabricados que se conocen están los que se descubrieron en Anatolia (la Turquía actual), hechos de obsidiana cerca del año 6000 a. e. c. Para el año 4000 a. e. c., los artesanos de Mesopotamia hacían espejos a partir de cobre bruñido; mil años después, en Egipto se fabricaban artefactos similares.

Para cuando llegó la Edad de Bronce, muchas culturas antiguas ya creaban espejos a partir de metales variados, entre ellos la plata, ya que es el metal natural (y elemento) más reflectante de todos. La plata pulida refleja cerca del 95 % de la luz visible que recae en ella. Con el tiempo, esta propiedad la hizo deseable no solo para hacer espejos de uso personal, sino también para las superficies reflectantes de instrumentos científicos como telescopios y microscopios.

Los primeros espejos hechos a partir de vidrio artificial de los que se tiene constancia datan del siglo III e. c., pero parecen haber sido utilizados solo como joyas o amuletos. Consisten en superficies metálicas curvadas con revestimientos de vidrio y son muy pequeños. Y es que hacer espejos de vidrio que cumplan su función no es nada fácil. Una vez fundido el vidrio, ¿cómo le das forma de láminas finas y planas que sean transparentes y sin tintar? Y lo que es aún más complicado: ¿cómo le aplicas luego el metal fundido a una hoja de vidrio sin que se agriete y se rompa? Hasta el siglo XII no se desarrollaron técnicas factibles de soplado de vidrio y de plateado. Para finales de la Edad Media, Venecia se convirtió en el centro mundial de la fabricación de vidrio y espejos.

Isaac Newton inventó el primer telescopio en utilizar un espejo para reunir y centrar la luz —un telescopio reflectante— en 1668, pero no funcionaba demasiado bien. Para empezar, era muy pequeño, con un diámetro de tan solo 3,3 centímetros. En segundo lugar, presentaba una curvatura circular, de modo que los rayos de luz paralelos que entraban en el telescopio y caían en distintas partes del espejo no se centraban en el mismo punto. Para que todos los rayos de luz vayan al mismo punto focal único, el espejo debe tener una forma parabólica.

El espejo de Newton estaba hecho de metal de espejos, una aleación de unas dos terceras partes de cobre y un tercio de estaño que podía pulirse para hacerla altamente reflectante. Era el único material disponible en aquel entonces al que se le podía dar la forma de una superficie reflectante curvada y razonablemente precisa. El vidrio se podía esmerilar para darle una forma curvada, pero la superficie reflectante, en forma de una capa de metal, debía ir en la parte trasera y ser plana.

Todos los telescopios reflectantes que aparecieron después del de Newton y hasta mediados del siglo XIX utilizaban metal de espejos, y algunos se hicieron muy grandes. En 1789, William Herschel construyó su «telescopio de 40 pies» con un espejo que medía 126 centímetros de diámetro. El más grande de todos era el «Leviatán de Parsonstown», construido en 1845 por William Parsons, tercer conde de Rosse, en su finca, el Birr Castle, en Parsonstown (el actual Birr), en Irlanda.[1] Su espejo medía 1,83 metros de diámetro, y fue el más grande del mundo hasta que se terminó de construir el telescopio Hooker, de 2,5 metros, en California en 1917. El tubo y la caja espejo del Leviatán medían 16,5 metros de longitud y, una vez instalado el espejo, pesaba 12 toneladas.

En su momento, Parsons llevó al límite la tecnología del moldeado, esmerilado y pulido de grandes telescopios a partir de metal de espejos. Construyó máquinas de esmerilado a vapor para conseguir una forma parabólica precisa, pero el metal de espejos tenía varias desventajas graves, y es que es difícil de moldear, refleja solo dos terceras partes de la luz que recibe y al aire libre se decolora enseguida. Esto último hacía que hubiera que fabricar un espejo de repuesto para cada telescopio para que pudiese sustituir al original mientras lo pulían y reconfiguraban.

En 1856 se hizo un avance muy importante cuando el físico y astrónomo alemán Carl von Steinheil desarrolló un modo de depositar una capa ultrafina de plata en la superficie delantera de una pieza de vidrio. Casi de la noche a la mañana, los espejos hechos de metal de espejo quedaron obsoletos, porque ahora la facilidad y la precisión con la que se podía esmerilar el vidrio hasta conseguir una curvatura precisa se combinaba con la alta reflectividad de la plata. El único punto débil de la plata es que, al quedar expuesta al aire, empieza a decolorarse de inmediato al combinarse con el oxígeno y formar una fina capa de óxido de plata. Para que el espejo funcione como es debido, es necesario pulirlo y volver a platearlo con asiduidad.

En 1930, el físico y astrónomo estadounidense John Strong inventó un proceso para aplicar aluminio sobre vidrio, lo que dio pie a unos espejos mucho más reflectantes para los telescopios. En cuanto un espejo se ha esmerilado y pulido hasta darle su forma parabólica y precisa final, se introduce en una cámara de vacío con unas bobinas calentadas por electricidad que hacen que el aluminio se evapore. En el vacío, los átomos calientes del aluminio se desplazan directamente hacia la superficie del espejo, donde se enfrían y se quedan pegados. Aunque, como la plata, el aluminio se oxida al entrar en contacto con el aire, el fino óxido de aluminio es transparente, de modo que el metal subyacente puede seguir reflejando la luz de manera eficiente.

La mayoría de los telescopios grandes que se usan hoy en día cuentan con espejos revestidos de aluminio, pero no todos. Algunos de los telescopios que se lanzan al espacio, como el telescopio espacial Kepler, utilizan plata porque en el vacío que hay más allá de la atmósfera terrestre desaparece el problema de la oxidación. Y en el caso del Kepler, era esencial extraer hasta el último ápice de reflectividad del espejo, porque este instrumento debía ser capaz de detectar los hilitos más débiles de luz procedentes de exoplanetas lejanos. Entre los telescopios ubicados en la Tierra, los del Observatorio Gemini son casos especiales en el sentido de que han sido plateados en lugar de haber sido aluminizados. Para evitar el problema de la decoloración, cada año se les practica un proceso de revestimiento multicapa protector.

En 1949, el telescopio más grande del mundo era el reflector de Palomar Mountain, cerca de San Diego, California, que se acababa de construir y medía 5,1 metros. Hoy, en cambio, los instrumentos más grandes están entre los 8 y los 11 metros, y están por llegar otros aún más imponentes. Estos nuevos telescopios se sirven de diseños y tecnologías que hasta la última cuarta parte del siglo XXI no han estado disponibles, incluido el uso de los espejos segmentados, en los que cada cara se controla de forma independiente con ordenadores para garantizar el enfoque correcto de la imagen final.

El Telescopio Extremadamente Grande europeo que se está construyendo en la cima de una montaña en el desierto de Atacama, en el norte de Chile, incluirá un espejo segmentado cuyo diámetro alcanzará los 39,3 metros. Podrá recoger 100 millones de veces más luz que el ojo humano y, a pesar de tener que hacerlo a través de la atmósfera, captará unas imágenes dieciséis veces más nítidas que las del telescopio espacial Hubble.

El telescopio más grande que no se encuentra en la Tierra es el telescopio espacial James Webb, el cual se lanzó en diciembre de 2021 y contiene un espejo segmentado de 6,5 metros de diámetro y una zona de recogida seis veces más grande que la del Hubble.[2] El espejo de Webb cuenta con una superficie de berilio bañado en oro que resulta especialmente efectivo reflejando la parte infrarroja del espectro en la que el telescopio está diseñado para funcionar.

Cuando los científicos hablan de cómo un objeto o una superficie reflejan la luz del sol, suelen referirse a una cantidad llamada albedo. El albedo se mide en una escala que empieza en el 0, correspondiente a la oscuridad total, y termina en el 1, que es cuando un cuerpo es de un brillo blanco y refleja toda la radiación que le llega. El carbón, una de las sustancias naturales más negras, tiene un albedo de 0,04, mientras que la nieve recién caída alcanza el 0,9.

El albedo medio de la Tierra es de aproximadamente 0,3. Se trata de un valor mucho más elevado que el de las zonas oceánicas por sí solas gracias a la aportación de las nubes y los casquetes polares. Venus tiene un albedo de 0,76 porque su superficie queda totalmente oculta bajo una densa atmósfera y una cobertura del 100 % de nubes permanentes.

Encélado, la luna más reflectante del sistema solar, fotografiada
por la sonda Cassini.

El objeto más brillante de todo el sistema solar es la luna Encélado,
de Saturno, cuya superficie está casi totalmente cubierta de un hielo
líquido. La falta general de cráteres en sus suaves llanuras sugiere que
estas regiones tienen menos de unos pocos cientos de millones de años
de antigüedad —o sea, son jóvenes en el contexto geológico—, lo que
quiere decir que algún proceso, como el vulcanismo hídrico, va reno-
vando la superficie. Su hielo y nieve frescos y limpios le dan a Encélado un albedo de 0,81. Reflejar tanta luz solar trae consigo la consecuencia de que, de entre todas las lunas de Saturno, es la que cuenta
con temperaturas más bajas: a mediodía, alcanza unos nada desdeña-
bles −198 °C.

Resbalones

«Una pelota se mueve por un plano horizontal sin fricción...», «Un niño y su trineo se deslizan por una pendiente sin fricción...». Cualquiera que estudiase física en los últimos años de instituto se habrá enfrentado a problemas como estos, en los que fingimos, para facilitarnos las cosas, que no hay fricción.

En el mundo real, la fricción siempre está presente, y menos mal. De no ser así, los coches no podrían moverse, no podríamos dar un solo paso y básicamente nada se detendría hasta que chocase con algo. Pero la cantidad de fricción varía mucho según la sustancia, y algunos materiales resbalan o se deslizan con mucha facilidad cuando entran en contacto con otra superficie.

Todo el mundo sabe que cuando empujas un objeto pesado, como un sofá, es mucho más fácil mantenerlo en movimiento que moverlo en un primer momento. El filósofo y estadista griego Temistio lo expresó así en el año 350 e. c.: «Es más fácil aumentar el movimiento de un cuerpo en marcha que mover un cuerpo en reposo». El llamado coeficiente de rozamiento mide la facilidad con la que dos superficies o materiales se deslizarán entre sí. Lo tenemos en dos versiones principales: estático y cinético. El coeficiente de rozamiento estático indica lo difícil que resulta iniciar el movimiento entre dos superficies, mientras que el coeficiente de rozamiento cinético es un factor en el esfuerzo necesario para mantener el movimiento.

Utilizamos caucho para las suelas de los zapatos y para los neumáticos de los vehículos de carretera porque es flexible y se agarra bien. Por eso, no es de extrañar que el coeficiente de rozamiento entre el caucho y el hormigón, por ejemplo, sea bastante elevado: 1,0 en el caso estático, y entre 0,6 y 0,85 cuando el caucho se mueve sobre el hormigón. A modo de comparación, el coeficiente de rozamiento del acero sobre hielo es de 0,03.

Desde bien pequeños aprendemos, a menudo por las malas, que el hielo resbala. Es un hecho tan sabido que es sorprendente descubrir que los científicos todavía andan debatiendo el porqué. Una teoría ya antigua, que se remonta al siglo XIX, nos dice que el peso de algo que ejerce presión sobre el hielo derrite una fina capa, de manera que el objeto puede deslizarse por él a través de las moléculas de agua que ha liberado. Pero eso no explica, por ejemplo, por qué es posible patinar sobre un hielo muy frío, demasiado como para que se forme agua a través de este derretimiento causado por la fricción. También haría falta una presión extraordinariamente elevada, como la de «un elefante con tacón de aguja», tal como lo expresó un científico, para que este mecanismo funcionase.

A lo largo de los años se han planteado otras ideas para explicar una observación tan elemental como que las cosas resbalan fácilmente sobre el hielo. Es una cuestión clave en los estudios sobre el movimiento de los glaciares, la seguridad automovilística y el rendimiento en los deportes de invierno. Pero no fue hasta 2018 que apareció un estudio que bien podría, de una vez por todas, resolver el misterio. Los físicos y hermanos Mischa y Daniel Bonn y sus compañeros publicaron un artículo en el *Journal of Chemical Physics* en el que explicaban que la superficie del hielo resbala no porque tenga una capa de agua, sino porque contiene moléculas de agua sueltas.[1] Compararon la superficie del hielo con una pista de baile cubierta de canicas para ilustrar que resbalar sobre el hielo es como rodar sobre moléculas redondas y móviles.

En su mayor parte, el hielo presenta una estructura cristalina ordenada en la que cada molécula está firmemente anclada a sus tres vecinas. Pero, en la superficie, las moléculas cuentan con menos puntos de anclaje, de forma que solo se encuentran ligeramente unidas al cristal. Esto permite que las moléculas de la superficie den vueltas y que al hacerlo se vayan agarrando y soltando del entramado.

El hielo no es la única sustancia que es escurridiza porque tiene moléculas sueltas en la superficie, pero es inusual en el sentido de que normalmente lo experimentamos en un rango de temperatura en el que puede existir como sólido, líquido o gas. En los lugares en los que hace mucho frío, el hielo empieza a cambiar su comportamiento. A partir de los −40 °C, las moléculas de la superficie tienen menos energía para moverse y tienden a quedarse ancladas al cristal, con la consecuencia de que el hielo pierde su carácter resbaladizo. Este nuevo estudio observó que el punto en que el hielo ofrece menos resistencia es cerca de los −7 °C, un dato que no sorprendió a quienes se dedican a mantener las pistas de patinaje sobre hielo interiores, especialmente las que se usan para el patinaje de velocidad, y que habían descubierto esta temperatura óptima a base de ensayo y error.

Los seres vivos hemos desarrollado distintos tipos de sustancias antiadherentes para nuestro propio beneficio. Las células caliciformes de las paredes del aparato gastrointestinal y los pulmones segregan una sustancia mucosa que sirve para lubricar las superficies para facilitar el movimiento. En algunas especies, la cantidad de moco que puede llegar a generar un animal, a menudo como mecanismo de defensa, es espectacular. En este sentido, el pez bruja —un pez primitivo parecido a una anguila— no tiene rival.[2] En situaciones de estrés, puede segregar moco desde unas glándulas especiales que, en menos de medio segundo, multiplican por 10.000 su volumen. En un incidente de lo más memorable, en 2017, un camión que transportaba 3.400 kilos de pez bruja en trece contenedores frenó de golpe en una autopista de Oregón, derramando así la carga que llevaba. Momentos después, la carretera y un coche cercano estaban totalmente empapados de un moco blanco muy espeso, mientras que otros varios vehículos resbalaron y colisionaron contra los relucientes pegotes.

Las plantas no son menos, y también tienen sus propias razones para resultar escurridizas. Las plantas carnívoras atraen a los incautos insectos hacia su hoja especial —llamada trampa de caída— con un néctar y pigmentos atractivos. Una vez que se posa en el borde del tentador follaje, la víctima enseguida se resbala por sus inclinadas paredes hacia el charco de líquido del fondo.[3] Es imposible escapar, y el desventurado prisionero pasa a ser disuelto en los jugos digestivos para alimentar a su captora vegetal.

Los miembros del género *Nepenthes*, una planta carnívora tropical, llamaron la atención de un grupo de investigadores de la Universidad de Harvard. Las hojas de la *Nepenthes* resbalan gracias a la fina película lubricante que recubre su superficie interna. Dicha película se forma al quedar agua o néctar fijados en las microscópicas escamas de la hoja, creando así una capa de lubricante continua. Cuando los aceites de las patas de un insecto entran en contacto con la película, la fricción es muy reducida, de modo que al animal le resulta prácticamente imposible mantener el agarre al tratar de escapar.

Los científicos de Harvard quisieron imitar a la *Nepenthes*, y para ello desarrollaron un material «omnifóbico» que describieron como una «superficie porosa resbaladiza impregnada de líquido». Se trata de una red de nanofibras parecida a una esponja, recubierta de una película lubricante que repele una gran cantidad de líquidos.

Algunas sustancias son excepcionales en más de un sentido. Los científicos del Departamento de Energía de Estados Unidos descubrieron el BAM (sigla que designa al boruro de aluminio y magnesio) por accidente en 1999. Estaban intentando crear un material que generase electricidad al calentarse. Aunque el BAM no lo consigue, sí resulta ser extremadamente duro —casi tanto como un diamante— e increíblemente resbaladizo. De hecho, presenta el coeficiente de rozamiento más bajo de cualquier sustancia conocida, reduciendo a más de la mitad el de la que ostentó el título antes que él, el teflón. Conocido químicamente como politetrafluoroetileno, el teflón lo descubrió por casualidad un investigador de DuPont en 1938, y tiene un coeficiente de rozamiento de 0,04. El BAM, por su parte, no conoce rival con su puntuación de 0,02, y se puede aplicar en forma de un revestimiento de finura microscópica a muchas superficies distintas para ayudarlas a resbalar más fácilmente sobre otras superficies. La drástica reducción de la fricción ahorra energía y alarga la vida de los componentes móviles.

La fricción es una característica tan cotidiana de nuestro mundo que cuesta imaginar qué pasaría si no existiera. Actúa sobre todo lo que se mueve por tierra, agua y aire. Damos por sentado que todos los objetos terminarán deteniéndose a menos que una fuerza los empuje o tire de ellos constantemente. Pero en el vacío del espacio no hay fricción, de manera que las naves espaciales, las lunas, los asteroides y todo lo demás avanzan sin que nada los ralentice y sin que la resistencia del aire les suponga ningún tipo de obstáculo.

La fricción con el aire es lo que explica que las plumas se muevan más despacio que las piedras. Si eliminamos el aire, como en la Luna, veremos como todo cae al mismo ritmo bajo la fuerza de la gravedad. Este hecho quedó maravillosamente demostrado durante la misión del Apolo 15, cuando el comandante David Scott, de pie en la Luna, dejó caer una pluma y un martillo a la vez, y ambos impactaron contra el suelo en el mismo instante.

Puede que alcanzar la fricción cero en una sustancia suene a imposible; incluso el BAM, el material más resbaladizo de todos, tiene un coeficiente de fricción que es más que nada. Pero existe un estado conocido como superfluidez en el que los átomos se mueven y se deslizan los unos contra los otros sin perder nada de energía. Solo se conocen dos superfluidos hechos de materia común, y ambos son formas de helio.

En 1937, los físicos Pyotr Kapitsa, John F. Allen y Don Misener descubrieron que el helio-4 entra en una fase superfluida cuando se encuentra a temperaturas muy bajas. Más adelante se demostró que si se generan pequeños remolinos o vórtices con helio-4 en este estado, seguirán girando para siempre. La superfluidez del helio-3 se ha descubierto más recientemente, y fue motivo del Premio Nobel de Física de 1996.

Fluir a cámara lenta

En la versión original de la película de 1941 *Lo que el viento se llevó*, Scarlett O'Hara reprende a Prissy por ser «lenta como la melaza en enero». Esta expresión parece que surgió en Estados Unidos a mediados del siglo XIX, y es que es cierto que la melaza, al ser un líquido espeso y almibarado, gotea lentamente de la cuchara, sobre todo cuando está fría.

Pero a menos que hayas experimentado una situación de melaza en masa, por así decirlo, incluso en el momento más crudo del invierno, quizá lo mejor sea evitar repetir la frase de la señorita O'Hara. Imagina lo siguiente: son las 12:30 del mediodía del 15 de enero de 1919, la temperatura es de 6 °C y estás en Boston, Massachusetts, en la parte de la Commercial Street, entre Copps Hill y North End Park. Está a punto de tener lugar una situación de lo más empalagosa: un tanque de más de 15 metros de altura que se encontraba detrás de la terminal de carga de Boston y Worcester acaba de estallar, y de él están empezando a salir unos 9 millones de litros de melaza. Un tarro de melaza es una cosa, pero una ola de esta sustancia de 10 metros de altura que se abalanza hacia ti a 50 km/h es otra bien distinta. La Gran Inundación de Melaza se llevó por delante la vida de 21 personas, hirió a otras 150 y arrancó de cuajo los pilares de acero de una estructura ferroviaria elevada cercana. El incidente dejó tras de sí mucho más que malos recuerdos; durante décadas, los vecinos decían que en los días calurosos de verano seguía oliendo a melaza.[1]

La melaza, el sirope dorado y la miel son algunos de los alimentos que presentan una viscosidad elevada, especialmente en temperaturas bajas. La viscosidad es la resistencia de un fluido —un líquido o un gas— a fluir. Sirve para medir la fricción interna que actúa entre las moléculas de una sustancia conforme avanza. El término procede de la palabra latina *viscum* que se utilizaba para denominar al muérdago, y deriva del nombre del pegamento viscoso que se puede hacer a partir del fruto del muérdago.

En el Sistema Internacional de Unidades, la viscosidad se mide en pascal-segundos (Pa·s), donde el pascal es una unidad de presión, en milipascal-segundos (mPa·s) o en micropascal-segundos (µPa·s). Cuanto mayor sea la viscosidad, más lentamente se moverá la sustancia, o más difícil le resultará a algo atravesar dicha sustancia. En general, la viscosidad se reduce con el aumento de la temperatura o, tal como demostró la Gran Inundación de Melaza, con el aumento de la presión.

El agua presenta una viscosidad de 1,0 mPa·s. Como cabría esperar, los gases tienen una viscosidad muy baja que se mide en micropascal-segundos. A temperatura ambiente, al aceite de oliva le corresponden 65 mPa·s; a la miel (según su consistencia), 2.000-10.000 mPa·s; a la melaza, 5.000-10.000 mPa·s; y al kétchup, 5.000-20.000 mPa·s. El alivio fue generalizado cuando el kétchup por fin empezó a venderse en botes de plástico a presión en lugar de en las botellas de cristal que acababan despidiendo, tras mucho agitar, un buen pegote de salsa cuyo tamaño y trayectoria eran totalmente impredecibles.

Si seguimos subiendo en la clasificación de sustancias viscosas, llegamos a los líquidos que se mueven muy lentamente. Puede que no pienses en la manteca de cacahuete como un líquido, pero lo es, y en el aeropuerto se encargarán de recordártelo enseguida si llevas un tarro en el equipaje de mano. Este alimento untable tan apreciado por los estadounidenses —con una viscosidad de entre 100.000 y 1 millón de mPa·s— terminará demostrándote que es un líquido si le das la vuelta al tarro y esperas lo suficiente. Por desgracia, los escáneres de los aeropuertos no distinguen entre un líquido inofensivo y otro que podría ser un explosivo. Y, además, resulta que los componentes atómicos de la manteca de cacahuete son básicamente los mismos que los de la nitroglicerina: en su mayoría carbono, hidrógeno, nitrógeno y oxígeno.

En el capítulo 2 hemos visto que la brea es el ingrediente de los experimentos más prolongados de la historia que se están llevando a cabo en universidades de Australia y Gales. En el experimento de brea de la Universidad de Queensland han caído nueve gotas desde 1927, lo que permite estimar que la viscosidad de la brea es 23.000 millones de veces más elevada que la del agua.

A veces se ha dicho que el vidrio es un tipo de líquido —uno que está «superenfriado»— y que fluye muy lentamente a lo largo del tiempo. Como prueba se ofrece el hecho de que las ventanas viejas, como las de las catedrales medievales, en ocasiones son más gruesas en la base que en la parte superior. Pero lo cierto es que este dato es incorrecto.[2] Cualquier diferencia de grosor u otras características no uniformes del vidrio antiguo estaban ya presentes el día en que se fabricó, lo que ocurre es que los procesos de fabricación que se utilizaban hace cientos de años daban lugar a hojas de vidrio de superficies y grosores desiguales. El vidrio no es un líquido, sino lo que se conoce como un sólido amorfo. Su ritmo de flujo sería imposible de medir, ya que es de menos de 1 nanómetro en mil millones de años.

Existen otros sólidos que también fluyen bajo las circunstancias de temperatura y presión adecuadas. Suele decirse de los glaciares que son «ríos de hielo» que avanzan cuesta abajo y se deforman por el efecto de la gravedad. Y es cierto: el hielo de los glaciares fluye como un líquido de viscosidad muy alta, a unos 1.000 Pa·s.

Incluso las rocas sólidas fluirán si cuentan con el tiempo y el estrés necesarios. Este tipo de movimiento se conoce como reptación y, por extraño que resulte, significa que puede decirse que sustancias tan aparentemente sólidas y duras como el granito tienen viscosidad.

El veneno más letal

En los anales del crimen, ya sea ficticio o real, hay ciertos venenos que aparecen una y otra vez. El arsénico lleva siendo uno de los favoritos de los asesinos desde la época romana, cuando se utilizaba para deshacerse de los rivales políticos e incluso de emperadores. El arsénico blanco —óxido de arsénico— que se obtiene como subproducto del refinamiento del cobre y del plomo no sabe a nada y es soluble en agua, de forma que resulta muy sencillo añadirlo en las bebidas sin que nadie se dé cuenta. La víctima enseguida empieza a tener dolor de estómago, seguido de vómitos y diarrea severos, como si se tratase de una intoxicación alimentaria. A las pocas horas, padecerá una insuficiencia circulatoria y morirá.

En el Renacimiento, el envenenamiento se convirtió en una profesión lucrativa. A los clientes se les daba una tarifa y firmaban un contrato, tras lo cual el destino de la víctima quedaba decidido. A algunos miembros de la casa de Borgia, incluidos el papa Alejandro VI, su hijo César y Lucrecia, hermanastra de este último, se les conocía el hábito de recurrir a este tipo de asesinatos. En la Italia del siglo XVII, Giulia Toffana se ganaba la vida como proveedora de Aqua Toffana, un cosmético que contenía arsénico y venía con instrucciones de aplicación para las mujeres que quisiesen deshacerse de sus maridos maltratadores. En Francia, un mejunje similar conocido como *poudre de succession* («polvo de sucesión») se volvió muy popular entre las mujeres casadas con hombres ricos que querían convertirse en viudas deseables.

La incidencia del asesinato por envenenamiento con arsénico cayó en el siglo XIX debido al descubrimiento de una forma de detectarlo durante la autopsia. Aun así, los productos con arsénico siguieron utilizándose ampliamente en las curas y los cosméticos comercializados por vendehúmos. Las mujeres de la época victoriana se aplicaban polvos de arsénico para blanquearse el rostro, mientras que las «pastillas de arsénico para la piel» prometían eliminar pecas, granos y otras imperfecciones cutáneas. La solución de Fowler, que contenía arsenito de potasio, era el producto favorito de las prostitutas de la época porque les sonrosaba las mejillas, un efecto que conseguía dañando los vasos sanguíneos.

La atropina o belladona era el veneno de cabecera de otros asesinos de la época medieval, ya que con el jugo de unas pocas bayas de la planta bastaba para lograr el vil objetivo. Desde la antigua Grecia se viene utilizando en pequeñas dosis como alucinógeno, pero las cantidades más elevadas provocan síntomas que, por suerte para el asesino, imitan a los de varios tipos de fiebre que eran comunes en aquella época.

De entre los venenos más famosos y tradicionales, el cianuro es el que hace efecto más rápidamente. Tarda minutos en matar, convirtiéndolo en la opción perfecta para fabricar pastillas con las que suicidarse del tipo de las que llevaban los espías y los oficiales de la Alemania nazi durante la Segunda Guerra Mundial por si los capturaban. Se puede destilar a partir de almendras y también se encuentra en las hojas de algunos laureles. En 1982, unos comprimidos de paracetamol contaminados con cianuro de potasio provocaron siete muertes en Chicago, por las cuales no se llegó a acusar ni a condenar nunca a nadie. A consecuencia de ello, en todo Estados Unidos tuvieron lugar cientos de ataques que copiaban este método, lo que llevó a ciertas reformas en el empaquetado de los fármacos sin receta.

En *El misterio de Pale Horse*, de Agatha Christie, toda una serie de muertes misteriosas terminan relacionándose con la administración de talio, un veneno poco conocido a la publicación del libro en 1961. De hecho, incluso el propio elemento se había descubierto apenas medio siglo antes. El sulfato de talio se convirtió en el ayudante preferido de los asesinos a sueldo: era perfecto para la misión porque no sabía a nada y tardaba varios días en generar unos síntomas que, además, recreaban los de otras enfermedades. La KGB de Rusia y la policía secreta de Sadam Husein le tenían un especial cariño.

Aunque no hay nada que demuestre que la novela de Christie inspirase ningún asesinato a manos del talio, lo que sí hizo fue salvar un par vidas. En 1977, el *British Journal of Hospital Medicine* publicó el caso de una niña de 19 meses que había ingresado en el hospital de Hammersmith con una misteriosa enfermedad que empeoraba cada día.[1] Los médicos no tenían ni idea de qué le pasaba, pero una enfermera del hospital, Marsha Maitland, vio a la niña y reconoció los síntomas. Eran los mismos que se describían en *El misterio de Pale Horse*, el cual, por fortuna, Maitland había leído hacía poco. Enviaron una muestra de orina a Scotland Yard que confirmó la presencia de talio. Resultó que la niña había ingerido sin querer un poco de insecticida que contenía el mortífero elemento. A partir de aquí, los médicos pudieron administrarle el tratamiento necesario y, con el tiempo, se recuperó del todo.

Una forma frecuente de medir la potencia de un veneno es mediante la dosis letal media o DL_{50}, la cual hace referencia a los miligramos por kilogramo de peso corporal que hacen falta para asesinar al 50 % de una población determinada. Cualquier sustancia, incluso el agua, te matará si ingieres la suficiente de una sentada. El azúcar de mesa, por ejemplo, tiene una DL_{50} de 29,7, lo que significa que la mitad de un grupo de personas lo bastante tocadas de la cabeza como para ingerir 30 gramos por cada kilo de su peso probablemente tendrá un final no demasiado dulce. El cianuro de sodio, por su parte, tiene una DL_{50} de 0,0064; si pesas 70 kilos, una dosis de apenas una tercera parte de un gramo —una pizca— tendría una probabilidad del 50 % de matarte.

Pero para acercarnos a los pesos pesados de las sustancias venenosas debemos alejarnos de las sustancias químicas inorgánicas y fijarnos en las toxinas, es decir, los venenos segregados por seres vivos. Cojamos de ejemplo a la rana punta de flecha; o mejor no. Ni se te ocurra tocarla. De su piel rezuma batracotoxina, una sustancia química que resultaría fatal incluso con la diminuta cantidad que ingerirías al lamerte el dedo tras haberla tocado.

Curiosamente, los especímenes de las especies venenosas de rana punta flecha nacidos en cautividad son totalmente inofensivos. Esto se debe a que la toxina no la producen ellas mismas, sino que procede del tipo de escarabajos de los que se alimentan en las selvas de América Central y Sudamérica. El ornitólogo estadounidense Jack Dumbacher descubrió por casualidad que el pitohui, un pájaro que vive en la otra punta del mundo, en Papúa Nueva Guinea, también lleva batracotoxina en las plumas, y por exactamente la misma razón que las ranas.[2] Hizo el descubrimiento después de que una de las aves le arañara la mano; por instinto, se llevó la mano a la boca, la cual empezó a dormírsele. Parece ser que estos pájaros han adoptado este veneno como una medida de defensa química contra parásitos y depredadores.

Otra criatura que hay que evitar tocar es el pez globo. Está cubierto de unas espinas que gotean tetrodotoxina, la cual presenta una impresionante DL_{50} de 0,0000082 que la hace mil veces más tóxica que el cianuro. Bastaría con una cantidad que de tan pequeña resulta invisible para asesinar a una persona en cuestión de una hora. Si vas a comer pez globo, o *fugu*, como se lo conoce en japonés, escoge bien el restaurante. En Japón, la ley solo permite a los chefs cualificados que han llevado a cabo una formación de tres años preparar este plato, y, por suerte, los accidentes son sumamente raros. La mayoría de las víctimas son pescadores que tratan de filetear el pescado y consumirlo en casa. El envenenamiento por tetrodotoxina se ha descrito como «rápido y violento»: empieza con el entumecimiento de la boca, seguido de parálisis y, por último, la muerte. No existe ningún antídoto, y los malhadados comensales permanecen conscientes hasta el final.

Ejemplar de *Diodon nicthemerus*, también conocido como pez erizo, uno de los muchos tipos de pez globo.

Algunas plantas y hongos también son extremadamente venenosos. Entre ellos, la seta aptamente conocida como hongo de la muerte (*Amanita phalloides*) es la especie que se ha cobrado más vidas en todo el mundo. Ingerir medio hongo de la muerte puede matarte por las amatoxinas que contiene, con una DL_{50} de 0,0007. Cocinar esta seta tampoco te salvaría, y es que, a diferencia de muchos venenos que se ingieren, el calor no destruye las amatoxinas antes de hacer que la propia seta resulte incomestible. Hasta más o menos medio día después de tomarte un hongo de la muerte, estarías bien. Luego empezarían los problemas estomacales —vómitos y una diarrea líquida constante— que durarían unas veinticuatro horas. A partir de ahí, las amatoxinas comenzarían a afectar al hígado, llegando quizá a dañar este órgano vital hasta el punto de necesitar un trasplante para poder sobrevivir.

No es de extrañar que las sustancias venenosas, diseñadas para matar ya sea a gran escala o con una precisión mortal sumamente específica, hayan entrado a formar parte de los arsenales militares. Su primer uso apareció durante la Primera Guerra Mundial, cuando Alemania liberó gas de cloro desde miles de cilindros a lo largo de un frente de 6 kilómetros de longitud en Ypres, el 22 de abril de 1915. En muchos casos, los distintos gases que se usaron en el conflicto de 1914-1918, incluidos el fosgeno y el gas mostaza, no asesinaban, pero sí provocaban lesiones terribles o desfiguraban a sus víctimas.

En la Segunda Guerra Mundial empezaron ya a usarse los agentes nerviosos, los cuales actúan sobre el mecanismo que permite que los nervios transfieran mensajes a los órganos del cuerpo. Entre el primer grupo de este tipo de sustancias químicas, llamados agentes de la serie G y que desarrollaron científicos alemanes, estaba el sarín, que resulta letal en cuestión de minutos por la parálisis respiratoria que provoca, incluso en concentraciones muy bajas. Un acuerdo internacional prohibió su producción y acumulación en 1997, aunque desde entonces se ha vuelto a utilizar en alguna ocasión, como en el tristemente célebre ataque cerca de Alepo, en Siria, en 2013, en el que murieron veintiocho personas y más de otras cien resultaron heridas. En los últimos tiempos se han llevado a cabo varios asesinatos con agentes nerviosos Novichok, desarrollados en la Unión Soviética entre 1971 y 1993.

En el extremo más alto de la escala de toxicidad encontramos varias sustancias increíblemente potentes segregadas por las bacterias. Los científicos no se ponen de acuerdo en la clasificación exacta de algunas de las cepas más virulentas, como la toxina diftérica, la toxina Shiga y la tetanoespasmina, pero todo el mundo parece estar de acuerdo en cuál es el veneno más mortal de todos: la toxina botulínica, una sustancia producida por la bacteria *Clostridium botulinum*. Presume de tener la DL_{50} más pequeña de cualquier sustancia conocida, de apenas 0,000000001, lo que significa que una dosis intravenosa de una diezmillonésima parte de un gramo bastaría para asesinar a una persona de talla media.

La toxina botulínica, de la que ahora se conocen varios tipos, provoca botulismo, y se identificó como causa de una intoxicación alimentaria por primera vez en un pueblecito alemán en 1793. Esta toxina paraliza los músculos al bloquear la liberación de un neurotransmisor (el tipo de molécula que emite señales) llamado acetilcolina. Esta misma propiedad paralizante explica su uso en el bótox. Las inyecciones controladas de esta toxina, en cantidades ínfimas, relajan ciertos músculos y generan la apariencia de una piel más lisa, aunque el resultado es temporal y trae consigo el riesgo de padecer efectos secundarios.

Algunas de las sustancias químicas más tóxicas de la Tierra se pueden usar en beneficio de la medicina. Además de su conocido uso cosmético, el bótox se ha aplicado para tratar problemas médicos como el estrabismo, ya que consigue paralizar los músculos que hacen que los ojos apunten en distintas direcciones. El veneno de la *Bothrops jararaca*, una serpiente letal endémica de Brasil, contiene unas moléculas que reducen la presión sanguínea y que han dado pie a tratamientos revolucionarios de la hipertensión.

Paracelso lo resumió con mucho acierto hace ya más de quinientos años: «Todo es veneno y nada carece de él; solo la dosis hace el veneno». Vivimos entre un sinfín de sustancias potencialmente peligrosas, y depende solo de la cantidad que ingiramos que sean letales o no.

Qué dulce eres

En la localidad en la que fui al instituto, New Mills, en Derbyshire, muchos de los alumnos mayores trabajaban a media jornada en una empresa de la zona llamada Swizzels. Sus orígenes se remontaban a los años veinte, en un puestecito de un mercado de Hackney, antes de expandirse y abrir una fábrica en el este de Londres. Para escapar de los bombardeos del Blitz, la empresa se mudó al norte, donde ocupó una fábrica en desuso en New Mills, donde sigue ubicada. Swizzels se dedica a los caramelos: Refreshers, Parma Violets, piruletas Drumstick y Love Hearts, los más famosos de todos.

El azúcar siempre ha formado parte de nuestra alimentación. Está presente de manera natural en la fruta y algunas verduras en forma de fructosa, glucosa y sacarosa. Quizá no sea tan evidente, pero la leche también incluye un tipo de azúcar, la lactosa. Llevamos consumiendo azúcares desde que somos humanos, y existen muchas evidencias que demuestran que nos esforzamos para conseguirlos. La miel, rica en fructosa y glucosa, lleva siendo una exquisitez por la que nos exponemos a que nos piquen las abejas desde que vivíamos en las cuevas en la Edad de Piedra. En las Cuevas de la Araña, en España, hay unas pinturas rupestres que muestran a humanos buscando miel hace ya al menos 8.000 años.

Para el año 2000 a. e. c., los egipcios mezclaban miel con frutas y frutos secos para hacer una forma primaria de golosina. Entre los siglos VI y IV a. e. c., a los persas y luego a los griegos les llegó la noticia de que en el subcontinente indio había «juncos que producían miel sin abejas». A partir de ahí, el conocimiento sobre cómo cultivar aquella maravillosa cosecha —la caña de azúcar— se extendió hacia el oeste desde sus raíces literales en la India y el sureste asiático.

El dulce es uno de los cinco tipos de sabor distintos que podemos experimentar; los demás son el salado, el amargo, el ácido y el umami. Estas diferentes clases de sabores las detectamos con los varios miles de papilas gustativas, cada una de las cuales contienen hasta 100 células receptoras, que tenemos en la parte frontal y trasera de la lengua. También tenemos otras repartidas entre el paladar, los laterales y la parte trasera de la boca, y en la garganta.

Algunos animales detectan sabores que nosotros no percibimos. ¿A qué sabe el almidón? Pregúntaselo a una rata. No pretendas tentar a un gato con algún dulce, porque no es un sabor que esté presente en su repertorio. Los delfines nariz de botella todavía tienen el paladar menos desarrollado: solo perciben lo salado.

Es evidente que los humanos «somos muy de dulce», e igual de evidente es el hecho de que demasiado azúcar es perjudicial para la salud en muchos sentidos. ¿Por qué nos atrae tanto si puede hacernos daño? La evolución suele animarnos a que nos guste lo que nos es beneficioso, cuando no a título individual, para la especie en general. Muchas de las sustancias dulces que encontramos en la naturaleza se convierten, al consumirlas, en una fuente de glucosa en nuestros organismos, y la glucosa genera muchísima energía, especialmente como combustible para el cerebro.

Todas las frutas contienen azúcares que una vez ingeridos se descomponen en glucosa. La lactosa de la leche también se convierte en glucosa, y esa es una de las razones que motiva a los bebés a bebérsela a tragos desde el momento de nacer. La teoría es que desarrollamos el gusto por lo dulce como método de detectar las fuentes de glucosa, pero eso es solo una parte de la historia. Tendemos a evitar alimentos amargos porque la evolución nos ha enseñado que suelen ser indigeribles o directamente perjudiciales porque son venenosos o están podridos. Aunque es cierto que algunas sustancias amargas pueden ser beneficiosas, como es el caso de las plantas medicinales, por lo general existe una correlación entre la toxicidad de un compuesto y su amargura. Lo importante es que preferimos lo dulce a lo amargo porque mejora nuestras probabilidades de sobrevivir. Este sesgo innato se ha filtrado incluso a las descripciones de carácter: es mucho más agradable estar con alguien «dulce» que con un «amargado».

Hoy en día, el azúcar de mesa —la sacarosa pura— es casi demasiado abundante para nuestro bien, pero no siempre fue así. Hacia el año 500 a. e. c., en la India se conocía un método para producir cristales de azúcar. En la lengua nativa, a estos cristales los llamaban *khanda*, de donde procede la palabra inglesa *candy*. El azúcar llegó a Europa en la Edad Media a través del mundo árabe, pero al principio se consideraba únicamente una medicina, se dispensaba en las boticas y era empleado por los médicos. También era sumamente caro y, por lo tanto, solo estaba al alcance de los ricos. En 1390, el conde de Derby pagó «dos chelines por dos libras de *penydes*» (parecidos a barritas de azúcar de cebada). Hoy, equivaldría a unos 95 euros.

A consecuencia de la exploración y colonización europea del Nuevo Mundo, en el Caribe y Sudamérica empezaron a cultivarse plantaciones de caña de azúcar. Millones de trabajadores esclavizados traídos de África cosechaban los campos, enriqueciendo así a los propietarios de las plantaciones y a los comerciantes, y permitiendo que el azúcar se convirtiese en una mercancía asequible y copiosa en Europa y otros lugares. En el Reino Unido, el consumo de azúcar se multiplicó casi por 22 en 200 años: de algo menos de 2 kilogramos por persona y año en 1704, pasamos a los 8 kilos en 1800 y a los 19 en 1901.

Uno de los problemas del azúcar común es que contiene muchas calorías, de forma que, si nos pasamos, podemos engordar. Por suerte, algunas sustancias saben dulces incluso a concentraciones muy bajas y podemos usarlas como sustitutas poco calóricas del azúcar. La primera se descubrió por pura casualidad en 1879. En un laboratorio de la Universidad Johns Hopkins, el químico ruso Constantin Fahlberg estaba trabajando con un derivado del alquitrán de hulla, la sulfamida benzoica, cuando advirtió un sabor dulce en la mano. Llamó a la nueva sustancia «sacarina», y unos años después empezó a fabricarla en Alemania como sustituto del azúcar.[1]

La primera controversia que generó la sacarina surgió en 1906 a causa de la preocupación sobre los aditivos alimentarios que aparecieron a raíz de la publicación *La jungla*, de Upton Sinclair. Harvey Wiley, químico responsable del Departamento de Agricultura de Estados Unidos, planteó que debía prohibirse la sacarina, pero el presidente Theodore Roosevelt no quería ni oír hablar del tema. Roosevelt, quien veía en aquel nuevo edulcorante un atajo para perder peso también en sus propias carnes, declaró: «Cualquiera que diga que la sacarina es dañina para la salud es un idiota». Y ese fue, básicamente, el final de la carrera de Wiley.

Durante la Primera Guerra Mundial aumentó mucho el consumo de sacarina porque el azúcar escaseaba. En los años sesenta volvió a promocionarse por sus beneficios a la hora de perder peso bajo nombres comerciales como Sweet'N Low. Hubo otro susto más tras descubrirse que las dosis elevadas de sacarina pueden provocar cáncer de vejiga en ratas. En 1977, una ley del Congreso exigía que se incluyera una advertencia sobre el cáncer en los envases de este producto, pero en el año 2000, después de que los investigadores observasen que los humanos y las ratas metabolizamos la sacarina de formas diferentes, dejó de ser necesario añadir el mensaje de advertencia en el etiquetado.

La sacarina es entre 300 y 500 veces más dulce que el azúcar común, de modo que una pastillita o sobrecito bastan para endulzar el té o el café. Su pega principal es que deja un sabor ligeramente metálico o amargo en la boca. Entre las alternativas está el aspartamo, usado a menudo en los refrescos bajos en calorías, y la sucralosa, el sustituto de azúcar más utilizado en todo el mundo.

Es muy posible que la sustancia más dulce de la naturaleza sea la taumatina, que en realidad es una proteína. Procede de las semillas de la planta katemfe (*Thaumatococcus daniellii*), una especie que se encuentra en el África occidental. Cuando se ingiere la parte carnosa de la fruta, la molécula de la taumatina se une a las papilas gustativas, generando una sensación dulce que va en aumento y deja un regusto duradero. Es 2.000 veces más dulce que el azúcar de mesa, así que con un poquito es más que suficiente.

Con un poder endulzante 8.000 veces más intenso que el de la sacarosa, el neotamo es todavía más dulce. Si te metes un gramo en la boca, su dulzura equivaldría a ocho paquetes de un kilo de azúcar (solo que sin las calorías).

A la cabeza de la lista de sustancias dulces conocidas se encuentran varios derivados de la guanidina, llamados así porque la primera vez que se sintetizaron en un laboratorio se hizo a partir de la guanina, un aminoácido que se aisló originalmente del guano, la materia excrementicia de las aves marinas. Uno de los productos extraídos de la guanidina es el ácido succínico, el cual es unas 200.000 veces más dulce que la sacarosa, pero que no supera a otro derivado de la guanidina conocido como lugduname, desarrollado en la Universidad de Lyon en 1996. Si lo comparamos por peso, es entre 220.000 y 300.000 veces más dulce que el azúcar que disuelves en tu taza de té.

Asuntos pegajosos

A los neandertales les han dado muy mala fama. A menudo se los representa como a los miembros poco listos y brutos del árbol genealógico de los *Homo* que desaparecieron porque no se les dio tan bien como a nosotros adaptarse al entorno según fue cambiando. Sin embargo, construían hogares en los que usaban fuego, hacían prendas y joyas, creaban arte y enterraban a sus muertos. También fueron la primera especie, hasta donde sabemos, en inventar un tipo de pegamento. Y de eso hace ya 200.000 años.

Existen muchos materiales naturales diferentes que funcionan como colas sencillas. La cera de abeja, la resina de los árboles y el betún son algunas de las sustancias pegajosas que nos da la naturaleza para poder unir una cosa con otra. Los neandertales conocían estos materiales y los utilizaban cuando los tenían a su alcance, pero no se quedaron ahí. Descubrieron que, al calentar la corteza del abedul bajo unas condiciones específicas, produce un tipo de brea que se puede usar para pegar las herramientas de piedra a los mangos de madera.[1]

Durante los últimos años, los investigadores de la Universidad de Leiden y la Universidad Tecnológica de Delft, en los Países Bajos, han estado probando los distintos pegamentos de los que nuestros antepasados de la Edad de Piedra tenían conocimiento. A partir de medir el efecto que tiene el calor en el flujo y la dureza de los materiales han observado que la brea del abedul es superior a los demás adhesivos naturales. Sus investigaciones han revelado no solo cómo los neandertales hacían pegamento de brea de abedul, sino por qué se esmeraban tanto en fabricarlo cuando tenían a su disposición otras alternativas más sencillas.

Algunos seres vivos llevan pegándose a las superficies como si tuviesen cola en las patas durante muchos millones de años, mucho antes de que los humanos o nuestros parientes más cercanos entraran en escena. A las moscas, igual que a otros muchos insectos, no les supone ningún problema caminar por las ventanas o por los techos sin caerse. Lo mismo puede decirse de algunos reptiles y anfibios, como los geckos y las ranas de árbol. Pero ninguno de ellos utiliza adhesivos o ventosas siquiera para agarrarse. Con un microscopio electrónico de barrido se pueden ver muchos pelitos o cerdas al final de las patas de los animales. Solía creerse que este vello se agarraba a los puntos de apoyo igual de diminutos en forma de bultos y fisuras que están presentes en las superficies aparentemente lisas como el vidrio, pero no es así como funcionan en absoluto.

Si amplías una imagen de la pata de un gecko, verás que sus bulbosos dedos están cubiertos de cientos de cerdas diminutas llamadas setas, cada una de las cuales se ramifica en cientos de cerdas todavía más pequeñas llamadas espátulas.[2] Estas cerdas pueden acercarse tanto a la superficie de una pared o de un saliente que las moléculas de los pelos diminutos y de la superficie interactúan por medio de lo que se conoce como fuerzas de Van der Waals. Este tipo de vínculo electroestático, a pesar de ser débil, es lo bastante fuerte cuando se multiplica por miles de espátulas como para contrarrestar la fuerza que la gravedad ejerce sobre el animal.

Las setas son enormemente flexibles y reactivas. El gecko, al cambiar rápidamente el ángulo de los vellos sobre la superficie y su extensión, puede pegar y despegar las patas tan deprisa que puede subir por el cristal vertical de una ventana a una velocidad de hasta veinte longitudes de su cuerpo por segundo. Los científicos han desarrollado un modelo matemático que demuestra que, si las setas se curvan de manera que se acerquen más al plano de la superficie, el área a la que se puede pegar el gecko aumenta y el animal es capaz de soportar más de su peso. Las patas de los geckos no se pueden pegar al teflón, pero no es de extrañar. Además, si ha estado lloviendo, puede que veas que los geckos resbalan y se deslizan, ya que sus patas no logran agarrarse debido a la humedad.

Las moscas tienen las patas cubiertas de setas, y cada pata termina en dos almohadillas llamadas pulvilli, de las que salen dichas setas. Pero los pelitos de las patas de los insectos que se suben por las paredes funcionan de otro modo: generan una sustancia pegajosa hecha de aceites y azúcares. Un equipo de investigación del Instituto Max Planck de Alemania estudió a cientos de especies de insectos y observó que todos ellos dejaban un rastro de huellas pegajosas.

Si utilizas pegamento para colgarte de las paredes y los techos con los pies, una posible dificultad a la que tendrás que enfrentarte es cómo despegarte cada vez que quieras dar un paso. Si observamos la pata de una mosca con un microscopio electrónico, veremos que tiene un par de pinzas que puede utilizar de varias formas, ya sea para pelar, empujar o retorcer, o elevar la pegajosa pata de la superficie. Siempre que mantenga al menos cuatro patas sobre la superficie, la mosca podrá correr rápidamente, incluso bocabajo, sin caerse.

Para el año 6000 a. e. c., los cavernícolas del Neolítico que vivían cerca del mar Muerto usaban un pegamento de colágeno que extraían de la piel, los nervios y los cartílagos de los animales. No solo lo usaban como adhesivo para pegar las herramientas y los utensilios, sino también como revestimiento en las cestas de cuerda y los tejidos bordados, e incluso para decorar calaveras con patrones entrecruzados. A partir del año 2000 a. e. c., los antiguos egipcios usaban y desarrollaron varios tipos de pegamento que obtenían tanto de plantas como de animales. Lo sorprendente es que los cavernícolas del mar Muerto eran más avanzados en lo que al conocimiento del pegamento de colágeno se refiere. Los egipcios aplicaban el colágeno en forma gelatinosa como adhesivo para los muebles, tal como se aprecia en las sillas de las tumbas de los faraones. Sin embargo, sus predecesores neolíticos suplementaban el pegamento extraído de las pieles con aditivos de tejidos vegetales para variar su textura según la tarea que tuviesen entre manos.

A lo largo de la mayor parte de la historia de la humanidad, pegar una cosa con otra ha significado usar diversas sustancias sacadas del mundo animal o vegetal. La primera patente de un adhesivo, el cual se obtuvo de un pez, se tramitó en el Reino Unido en 1750. En los siguientes cien años se produjeron un sinfín de pegamentos distintos a partir de todo tipo de sustancias, desde el caucho hasta la leche, que se patentaban y vendían. Pero no fue hasta principios del siglo XX cuando los químicos empezaron a desarrollar adhesivos sintéticos. La empresa sueca Karlssons Klister fue la que comercializó el primero, en el año 1910.

Tal como suele ocurrir en la ciencia, el descubrimiento de lo que se ha convertido en el más famoso de los pegamentos, el Super Glue, surgió de casualidad. Todo comenzó durante la Segunda Guerra Mundial, cuando Harry Coover, un joven químico estadounidense que acababa de doctorarse en la Universidad Cornell, trabajaba en la B. F. Goodrich Company como miembro de un equipo que investigaba unas sustancias químicas llamadas cianoacrilatos.[3] El objetivo del equipo era crear un plástico transparente que pudiese utilizarse para fabricar miras de precisión de uso militar. Los cianoacrilatos eran lo bastante transparentes, pero también eran increíblemente pegajosos, hasta el punto de que era casi imposible trabajar con ellos. En cuanto entraban en contacto con la humedad, se pegaban, con gran fuerza y rapidez, a todo lo que tocaban. Naturalmente, como plástico transparente no servían de mucho, pero...

En 1951, Coover había pasado a trabajar para Eastman Kodak en su planta química de Kingsport, Tennessee. Allí, él y su grupo de Kodak tenían un propósito distinto: desarrollar unos polímeros resistentes al calor para la cubierta exterior de la cabina de los aviones a reacción. Coover se acordó de las sustancias químicas tan pegajosas con las que había trabajado en Goodrich, que formaban vínculos estrechos sin necesidad de presión o calor. Cualquier objeto que pusieron a prueba en el laboratorio se quedaba pegado de forma permanente.

Coover y sus jefes se dieron cuenta de que tenían entre manos algo que iba mucho más allá de cualquier aplicación específica. A Coover le concedieron la patente de «Composiciones adhesivas de cianoacrilatos catalizados con alcohol/Superpegamento». La empresa presentó el producto con el nombre de «Eastman 910», empezó a comercializarlo en 1958, y aquel increíble adhesivo pronto estuvo a la venta en todas partes bajo el sobrenombre de «Super Glue». Coover llegó incluso a aparecer en el popular programa de televisión *I've Got a Secret*, donde levantó al presentador Garry Moore del suelo con una sola gota de su extraordinaria sustancia química.

Lo más sorprendente de todo es que al Super Glue se le encontró una aplicación médica importante. Durante la guerra de Vietnam, los cirujanos de combate comenzaron a usar los cianoacrilatos para tratar

Una grúa elevando un camión de 17,5 toneladas conectado a los cilindros de aluminio que sobresalen de las ruedas únicamente con pegamento.

lesiones. Bastaba con pulverizar un poco de la sustancia sobre una herida abierta para ralentizar o detener la hemorragia de inmediato y ganar tiempo para que los soldados heridos pudiesen ser trasladados a un lugar en que pudiesen recibir un tratamiento convencional. Así se salvaron muchas vidas. Hoy todavía se utilizan variantes del Super Glue en cirugía, ya que a menudo son la alternativa escogida a la sutura para reconectar arterias y venas, sellar úlceras sangrantes y cerrar heridas abiertas con un mejor resultado cosmético.

En la actualidad ya se han desarrollado una gran variedad de adhesivos muy potentes. No resulta fácil juzgar sus fuerzas relativas porque funcionan de formas distintas y bajo muchas circunstancias diferentes. Aun así, si hubiese que elegir a un ganador, seguramente sería un tipo de resina epoxi de Delo, un fabricante alemán de adhesivos industriales. En 2019, este producto batió el récord mundial del objeto más pesado en ser elevado solo con pegamento. Se aplicaron tan solo 3 gramos del adhesivo al extremo de un cilindro de aluminio del tamaño de una lata de refresco. Al quedar pegado a un camión de 17,5 toneladas, el cilindro pegajoso, fijado al camión, fue elevado por una grúa que dejó el vehículo suspendido en el aire durante una hora.

¡Puaj!

El sentido del olfato es el más antiguo que tenemos. Antes de poder ver, oír o tocar, hubo criaturas primitivas, como las bacterias, capaces de reaccionar a las sustancias químicas de su entorno. El olfato también es único en cuanto a su capacidad de evocar recuerdos muy arraigados, incluso de la primera niñez. Sin embargo, a diferencia de lo que ocurre con lo que vemos y oímos, a menudo nos cuesta describir los olores específicos con palabras. Estas diferencias tienen que ver con la forma en que la información olfativa llega al cerebro.

Los circuitos neuronales que utilizan otros sentidos, como la visión y el oído, empiezan en los órganos sensoriales (en estos casos, los ojos y los oídos) y viajan hacia una especie de estación de relevo neuronal —el tálamo— antes de pasar al resto del cerebro. En cambio, la información olfativa va directamente al bulbo olfativo, donde se procesa sin tener que pasar por la estación de relevo talámica. Los neurólogos creen que esta conexión directa entre el mundo exterior y el lugar de procesamiento específico del cerebro explica por qué los recuerdos olfativos pueden ser tan evocadores y al tiempo tan difíciles de describir.

Las moléculas a las que responde el sentido del olfato se transmiten por el aire; entran por la nariz y la boca y se fijan a las células receptoras que revisten las membranas mucosas del fondo de la nariz. Todos tenemos millones de estas células, pero, según los datos que se recopilaron durante el Proyecto del Genoma Humano, solo son de unos 400 tipos distintos.

Cuando las moléculas detectables, u odorantes, se fijan a las células receptoras, se generan pequeños impulsos eléctricos. Estos impulsos viajan hasta el cerebro, el cual identifica enseguida, en aproximadamente una décima parte de un segundo, ese olor en particular. Teniendo en cuenta que solo contamos con unos pocos centenares de tipos de células receptoras, podría parecer que el número de olores que somos capaces de identificar tiene un límite. Sin embargo, cada receptor puede detectar no solo un único olor específico, sino toda una serie de odorantes similares. Además, la mayoría de los olores evocan una respuesta por parte de más de un tipo de receptor. Dado que la cantidad de combinaciones y permutaciones de los receptores olfativos es enorme, también lo es el número de olores distintos que podemos detectar y distinguir; bien podrían llegar al billón.

Los olores van desde agradables hasta asquerosos, y cada persona tiene sus preferencias. Esto se debe, en parte, a que son los genes los que determinan qué tipos de células olfativas se activan en la nariz de cada uno. Ahora bien, un estudio llevado a cabo por unos investigadores de la Universidad de Oxford y del Instituto Karolinska de Suecia observó que el olor en el que más estamos todos de acuerdo es el de la vainilla.[1] Se pidió a más de doscientas personas de distintos entornos culturales, entre ellas muchas procedentes de grupos indígenas no occidentales, que ordenasen una serie de olores de mejor a peor. El primero de la lista era el olor a vainilla, derivado de las vainas de un miembro de la familia de las orquídeas, seguido de las sustancias químicas que dan su agradable olor a los melocotones y a la lavanda.

En el otro extremo de la escala olfativa están los olores tan desagradables que son casi imposibles de tolerar. Los químicos han observado que, en general, las sustancias más apestosas son las que presentan moléculas más grandes y pesadas, mientras que los olores agradables tienden a asociarse a las moléculas más compactas y ligeras. Aquí también influye un factor evolutivo, y es que los olores que nos resultan desagradables, como el de la comida podrida, suelen emanar de aquello que es nocivo para la salud o para la supervivencia. Los roedores de laboratorio que, tras ser criados durante generaciones, nunca han visto a un gato, reaccionan con miedo al olor de un gato, pero no a otros olores nuevos y perjudiciales.

Hay un puñado de plantas que suelen ocupar algunas de las primeras posiciones de olores que hay que evitar de todo aquel que haya tenido la mala suerte de olerlas. La flor cadáver (*Amorphophallus ti-tanum*) presume de tener la inflorescencia no ramificada más grande del mundo. La flor es tan enorme —de hasta 3 metros de alto— y requiere tanta energía por parte de la planta que solo aparece una vez en ciclos de cinco a diez años. Y cuando lo hace, todo el que se encuentra cerca lo sabe incluso con los ojos cerrados, porque la flor cadáver, sin duda, hace honor a su nombre.[2]

Igual de terrible es el olor de otra planta de las llamadas parásitas, la *Rafflesia arnoldii*, ya que, al oler a carne podrida, atrae a las moscas (para que se encarguen de polinizarla) tanto como repele a los humanos. Florece mucho más a menudo que la flor cadáver, y las flores que da emiten su olor a cadáver putrefacto durante varios días.

Entre las frutas, la más conocida por su olor es el durián, del cual unas nueve especies son comestibles. Los que han desarrollado el gusto por ella dicen que posee una fragancia y un sabor agradables. Su carne se come en varios puntos de madurez, y el naturalista Alfred Wallace describió su sabor como «unas natillas que saben mucho a

Ejemplar de la flor cadáver en flor en el Jardín Botánico de Nueva York en 2018.

almendra». Pero, para muchos, su olor es tan fuerte y les recuerda tanto a todo lo malo, desde cebollas podridas hasta aguas residuales, que se les pasan las ganas de probarla. En algunos hoteles y servicios de transporte público del sureste asiático, donde esta fruta se incluye en una gran cantidad de platos, se ha prohibido el durián por miedo a que ahuyente a los clientes. Y si el olor del durián fresco ya es terrible (para los no aficionados), el del durián podrido bastaría para provocar una estampida. En 2018, quinientos alumnos de la Universidad de Melbourne fueron evacuados después de que se diese la alarma de un posible escape de gas. El culpable resultó ser un durián que alguien había dejado en un armario, que se había pasado y cuyo horroroso buqué se había dispersado por el edificio por el sistema de aire acondicionado.

De entre los alimentos más convencionales, el queso tiene una reputación especial por su mal olor. El Limburger de Alemania y los Países Bajos tiene un aroma que recuerda a unos pies apestosos gracias a la bacteria *Brevibacterium linens*, que se utiliza para fermentar varios quesos blandos de corteza lavada y que también está presente en la piel humana y provoca olor a pies. Pero el queso que peor huele de todos, según los científicos de la Universidad de Cranfield, es el Vieux-Boulogne, un queso blando del norte de Francia.[3] Los investigadores de Cranfield emplearon una «nariz electrónica» que se suele usar para oler infecciones urinarias y tuberculosis y que dio positivo cuando se dirigió a esta maloliente exquisitez.

En el mundo animal, las mofetas son famosas por el potente olor que pueden rociar desde las glándulas anales hasta una distancia de 3 metros para ahuyentar a los depredadores. Aunque la mayoría de las personas tiene una reacción fuerte ante su olor, cerca de 1 de cada 1.000 tiene lo que se conoce como anosmia específica al olor de las mofetas y no es capaz de percibirlo. Lo que huele entre 5 y 7 veces peor aún es el repelente defensivo que emite el oso hormiguero amazónico o tamanduá.

Entre las sustancias químicas de los olores que emanan las mofetas y los osos hormigueros se encuentra el tiol, un compuesto orgánico que contiene azufre. Los tioles, también conocidos como mercaptanos, contribuyen a dar a las cebollas y los ajos sus distintivos olores, así como a la carne podrida y a algunos quesos.

Existen miles de tipos de tiol distintos, y nuestras narices son sumamente sensibles a muchos de ellos. Con la más mínima de las inhalaciones, que ya contiene muchos miles de millones de moléculas, somos capaces de detectar si apenas unos pocos son tioles. Si «hueles a gas», quizá porque tienes un escape en casa, lo que estás oliendo en realidad no es el gas natural, que es inoloro, sino una cantidad diminuta de tiol que se le ha añadido al gas como odorante para que podamos percibirlo.

De todas las sustancias de la Tierra, hay una que se menciona una y otra vez como una de las peores. La tioacetona es otro compuesto organosulfurado, como los tioles, pero en este caso pertenece a otro grupo distinto conocido como tiocetonas.[4] Se trata de una sustancia de color anaranjado-marrón que pasados los −20 °C se convierte en tritioacetona, las moléculas de la cual contienen anillos de seis miembros que alternan átomos de carbono y azufre.

Dos químicos alemanes, Eugen Baumann y Emil Fromm, fueron los primeros en obtener la tioacetona. Sus intentos de destilarla en 1889 en la ciudad de Friburgo vinieron acompañados de casos de náuseas, vómitos y desmayos en un radio de 0,75 kilómetros alrededor del laboratorio, y todo debido únicamente al olor, aunque solo se trataba de una pequeña cantidad. Un informe de 1890 de los químicos de Whitehall Soap Works en Leeds describía su hedor como «temible» y decía que parecía empeorar al diluirlo.

En 1967, los investigadores de la Esso Research Station en Abingdon, Oxfordshire, describieron su experiencia tras liberar accidentalmente una pequeña cantidad de tioacetona. El tapón de una botella que contenía la sustancia se había soltado y, aunque enseguida lo volvieron a poner, el daño ya estaba hecho. La pequeña cantidad de vapor que se liberó a la atmósfera provocó casos de náuseas y vómitos en un edificio que se encontraba a 180 metros de distancia. Igual que habían observado los científicos de Whitehall Soap, diluirla solo parecía empeorar las cosas. Los trabajadores del laboratorio se quedaron atónitos, ya que a ellos no les había afectado el olor de la fuga de gas, y al principio negaron haber podido ser responsables del brote de enfermedad que había desencadenado tan lejos. Un artículo publicado por Esso sobre el incidente informó de efectos colaterales adicionales: «Dos de nuestros químicos que no habían hecho otra cosa que investigar la rotura de cantidades diminutas de tritioacetona fueron objeto de miradas hostiles en un restaurante y sufrieron la humillación de que una camarera rociase desodorante a su alrededor».

Casi nada

Hace muchos años, mi mujer y yo ayudamos a organizar un concurso de globos en el colegio de mi hija para recaudar fondos para una causa benéfica. Por una libra podías comprar un globo de helio, ponerle una etiqueta con tu nombre y dirección y soltarlo. La persona cuya tarjetita se devolviese desde más lejos se llevaría un premio. Los resultados fueron fascinantes. Cerca de dos docenas de etiquetas fueron encontradas y devueltas especificando el lugar en el que las habían encontrado. Visto en un mapa, resultó que todos los globos habían sido arrastrados más o menos hacia el sur por el viento desde donde los habíamos soltado, en Carlisle. Algunos habían llegado hasta Londres, a unos 420 kilómetros de distancia. Sorprendentemente, tres cruzaron el Canal de la Mancha hacia Francia, y el ganador había llegado hasta los Pirineos, en la frontera entre Francia y España, a más de 2.000 km de distancia.

Los balones de helio suben porque la densidad del helio (de 0,164 kg/m^3) es menor que la del aire (1,28 kg/m^3). El hidrógeno y el helio son los dos elementos más ligeros. El hidrógeno presenta una densidad todavía menor que el helio (0,082 kg/m^3) y se utilizó en las primeras aeronaves, como los grandes zepelines alemanes. Pero también es sumamente inflamable y, después de la catástrofe del *Hindenburg*, se sustituyó en las naves por el helio, que es inerte.

Los globos aerostáticos también se elevan porque la densidad del aire que se ha calentado con un quemador es algo menor que la de la atmósfera que los rodea. La envoltura del globo debe ser lo bastante grande como para que la densidad agregada de la envoltura, el gas que contiene y cualquier cosa que se suspenda desde el globo, como la barquilla que lleva a los pasajeros, sea menor que la densidad del aire desplazado.

El hidrógeno, el helio y el aire caliente son más ligeros que el aire frío. Hay otras cosas que parecen flotar en el aire, pero que en realidad están cayendo lentamente o siendo empujadas por el viento u otras corrientes de aire. Un globo hinchado con aire normal caerá porque el peso de la goma de la que está hecho hace que su densidad general sea mayor que la del aire que desplaza.

Las plumas caen despacio, pero pueden volver a elevarse temporalmente gracias a una ráfaga de aire porque son ligeras y tienen un área de superficie extensa, como la campana de un paracaídas. Las semillas y las esporas que dispersa el viento pueden mantenerse a flote durante períodos extensos de tiempo por la misma razón: tienen una densidad baja —que en general no supera demasiado a la del aire que las rodea— y suelen poseer estructuras que las ayudan a subirse a la brisa.

Existe una enorme variedad de seres vivos microscópicos capaces de mantenerse a flote el tiempo suficiente como para recorrer grandes distancias. Insisto: no flotan como lo haría una boya en el mar, sino porque son lo bastante pequeños y ligeros como para que las corrientes de aire y los movimientos termales puedan, al menos durante un rato, contrarrestar la fuerza de la gravedad que los empuja hacia abajo. Coge una placa de Petri que contenga un medio de cultivo, muévela un poco por el aire prácticamente en cualquier rincón del planeta y métela en la incubadora. El resultado será que tendrás un cultivo de cientos de especies de bacterias del suelo, de los intestinos y fecales, así como hongos y virus comunes. Vivimos constantemente entre un mar invisible de este tipo de microbios, y de ahí que la primera línea de defensa de nuestro sistema inmune sea un ejército igual de diverso de microorganismos amistosos, tanto fuera como dentro del cuerpo.

También hay animales más grandes lo bastante livianos como para permanecer suspendidos durante largos períodos de tiempo y alcanzar grandes alturas. Los que más destacan son las arañas jóvenes, que despiden hilitos de tela de araña para aprovechar el viento y elevarse y flotar a merced de las corrientes de aire.[1] Este comportamiento se conoce como vuelo arácnido y, en algunos casos extremos, puede llevar a la arañita a cientos de kilómetros desde el punto de salida, y alcanzar alturas de 5.000 metros.

Los únicos animales a los que se ha visto superar las alturas que alcanzan los insectos que se desplazan de esta forma son los que baten las alas. A veces se ha visto a mariposas a alturas de hasta 6.000 metros. En cuanto a las aves, al ganso indio se lo ha visto pasar por encima del Himalaya a unos 8.500 metros, y también se observó a un buitre moteado a más de 11.000 metros, la misma altura a la que vuela un avión de pasajeros.

Pero volvamos a la Tierra y hablemos de los sólidos más ligeros. Al fin y al cabo, un ave, como un avión, pesa mucho más que el aire que desplaza, así que lo normal es que se haya de esforzar mucho por mantenerse a flote. Entre los elementos, el sólido menos denso es el litio, el metal que ocupa la tercera posición en la tabla periódica después del hidrógeno y el helio. Lo que pasa es que es muy reactivo, y por eso siempre se combina con otras sustancias naturales. Una de las rocas más ligeras es la piedra pómez, conocida como exfoliante para la piel en baños de todo el mundo. Se forma durante las erupciones volcánicas explosivas, cuando la lava crea una espuma que contiene muchas burbujas de aire que se quedan incrustadas en la lava a medida que se solidifica.

Nuestros cuerpos también contienen mucho aire, especialmente cuando inhalamos. Pero no hay ningún peligro de que salgamos volando: la densidad del aire es de 1,2 kg/m^3, mientras que nosotros nos situamos en aproximadamente 1.000 kg/m^3, más o menos igual que la densidad del agua. Las personas obesas flotan más en el agua que las personas delgadas porque la grasa es menos densa que el músculo, pero inhalar una buena bocanada de aire reduce la densidad agregada, de forma que, incluso si eres delgado, lograrás al menos desplazar tu mismo peso en el agua y conseguirás flotar.

Algo más desagradable es el hecho que explica por qué los cadáveres suelen encontrarse en la superficie del agua. Al principio, el cuerpo suele hundirse, pero, a medida que se va pudriendo, los microbios de su interior liberan unos gases que reducen la densidad general del cuerpo y lo hacen flotar.

Cualquier sólido que contenga muchas bolsas de aire tendrá una densidad baja. Los menos densos de todos son ciertos materiales artificiales que se han desarrollado no solo para ser ligeros, sino porque cuentan con otras propiedades físicas extraordinarias. Uno de ellos es el aerogel, a veces conocido como «humo helado» por su apariencia inconsistente.[2] El aerogel está hecho de una estructura porosa y esponjosa de dióxido de silicio, el mismo componente químico que encontramos en el vidrio, pero en un formato mil veces menos denso. El investigador Samuel Kistler lo creó en la Universidad Stanford en 1931 a consecuencia, según se cuenta, de una apuesta con el también científico Charles Learned sobre quién sería el primero en sustituir el líquido de una gelatina sin hacerla más pequeña.

Si se compara peso con peso, el aerogel de sílice es extraordinariamente resistente. Un bloque del tamaño de una persona media pesa menos de medio kilo y podría soportar el peso de un coche pequeño. También es muy efectivo como aislante térmico, ya que deja pasar menos calor que el mismo volumen de aire.

Hoy se conocen distintos tipos de aerogel. El más sorprendente de todos es el aerografeno, cuyo componente estructural es el grafeno, es decir, carbono dispuesto en una única capa de átomos estrechamente unidos en un entramado hexagonal tipo colmena. En la actualidad, el aerografeno es la sustancia sólida menos densa de la Tierra. En el futuro podría emplearse para limpiar vertidos de petróleo, ya que puede absorber hasta 900 veces su propio peso en petróleo y, además, bastante deprisa. Un gramo de aerografeno es capaz de absorber 69 gramos de petróleo por segundo. También es muy resistente: un bloque del tamaño de un pulgar podría sostenerse sobre una brizna de hierba, y aun así es diez veces más resistente que el acero.

Por supuesto, la sustancia más ligera del universo no es una sustancia, sino su ausencia: el vacío. Un globo lleno de vacío subiría mucho más rápido que uno lleno de hidrógeno o de helio. El problema es que un globo normal colapsaría si extrajéramos todo el gas de su interior. Un globo de vacío tendría que ser rígido y, en cuanto al peso, sumamente fuerte para que la envoltura pudiese resistir a la presión del aire del exterior, y las sustancias como el aerografeno hacen que estemos un poco más cerca de conseguirlo.

Burbujas: bizarras, vastas y bonitas

Desde 1825, cada año (excepto en los años de la guerra de 1939-1942), la Royal Institution de Londres ha celebrado un ciclo de conferencias de Navidad para los niños sobre un tema de interés científico. En 1890, el conferenciante fue el físico Charles Boys, quien habló acerca de las burbujas del jabón. «Espero —dijo en su introducción— que a ninguno os aburran las burbujas, porque como veremos esta semana, tenemos más en común con las burbujas de lo que cualquiera que haya jugado con ellas podría imagina».

Las burbujas de tu infancia no son más que una película de jabón que recubre una bolsa de aire. Dos capas de moléculas de jabón forman las superficies interna y externa de la película, separadas únicamente por una fina capa de agua. Las burbujas, hasta que estallan, son herméticas. Incluso si nadie las hace explotar a propósito o no impactan contra nada que rompa la película, estallarán de forma espontánea cuando se evapore el agua que hay entre las capas de moléculas de jabón. Si haces pompas de jabón en un frío día de invierno, durarán más porque la evaporación es más lenta, y es posible que lleguen hasta a congelarse.

La clave para entender la forma de una burbuja es la tensión superficial, es decir, la fuerza que actúa sobre su superficie como una piel elástica. La tensión superficial surge a consecuencia de la fuerza de atracción entre las moléculas de un líquido. En el interior de un cuerpo de líquido, todas las vecinas de una molécula tiran de ella con la misma fuerza, de modo que no experimenta una fuerza total. Pero, en la superficie, las moléculas solo reciben ese tirón desde los lados y hacia abajo, lo que hace que parezca que la superficie tenga una especie de piel.

Es fácil suponer erróneamente que la razón por la que no se pueden hacer pompas solo con agua es que la tensión superficial del agua es demasiado baja y que el jabón la aumenta. En realidad, ocurre lo contrario. Añadir jabón reduce la tensión superficial. Las burbujas de agua estallan casi al instante de haberse formado por un par de razones: la tensión superficial es demasiado elevada, lo que hace que se desgarren, y la evaporación de la superficie de la burbuja hace que sean demasiado finas, haciéndolas estallar. Las moléculas de jabón contribuyen a la formación de pompas porque cada una de ellas consiste en una cadena de átomos (carbono e hidrógeno) cuyos extremos son uno hidrófilo (es decir, le gusta el agua) y el otro hidrófobo (odia el agua). En una solución de agua jabonosa, los extremos hidrófobos de las moléculas de jabón se alejan todo lo posible del agua y terminan en la superficie interna o externa de la burbuja. Por su parte, los extremos hidrófilos se proyectan hacia el agua que queda atrapada entre las dos capas de moléculas de jabón, aumentando así la separación de las moléculas de agua y reduciendo la fuerza de atracción entre ellas. El resultado es que la tensión superficial se reduce. Y, además, dado que el agua está en parte protegida por las películas de jabón, se evapora más lentamente.

Si se dejan flotar en el aire, las burbujas suelen durar entre diez y veinte segundos antes de estallar. No obstante, podemos alargar mucho su vida si las mantenemos en un contenedor sellado herméticamente en el que el aire esté saturado de vapor de agua para reducir el ritmo de evaporación. Eiffel Plasterer, un hombre de Huntington, Indiana, que había sido profesor de Física en la década de 1920, quedó tan fascinado por las burbujas que terminó haciéndose famoso por sus espectáculos y demostraciones con pompas de jabón. Entre sus apariciones televisivas en programas de máxima audiencia estuvo su participación en *Late Night with David Letterman*, en la que consiguió formar una burbuja de jabón que rodeaba completamente al presentador. También tiene el récord mundial de longevidad de una pompa de jabón al haber hecho una en un bote hermético que duró más de once meses.[1]

La pompología atrae a un gran número de entusiastas y máximos

Las pompas de jabón más grandes miden más de 10 metros de ancho.

exponentes que compiten sin cesar por superarse entre ellos. El checo Matěj Kodeš encabeza la lista actual gracias a haber rodeado al mayor número de personas con una única pompa: 275. También consiguió, en 2010, formar una burbuja alrededor de un camión de 6 metros de longitud. El ciudadano canadiense Fan Yang se distingue por haber hecho el mayor número de pompas —doce— la una dentro de la otra, como una muñeca rusa. Samsam the Bubble Man (también conocido como Sam Heath), del Reino Unido, presume de tener tres récords: el de más botes de una burbuja (38), el de la cadena más larga de burbujas entrelazadas (26) y el de la burbuja de jabón helada más grande, con un volumen de 4.315 cm^3. En cuanto a la pompa de jabón flotante más grande del mundo, el honor es del estadounidense Gary Pearlman, quien, en 2015, creó una bestia de un volumen de unos 96,2 m^3.

Las burbujas gigantes tiemblan como una tarta de gelatina poco hecha sobre la bandeja de un camarero nervioso. Sin embargo, las pequeñas mantienen una forma constante que, como todo el mundo sabe, es esférica. Ninguna otra forma encierra el volumen que sea con un área de superficie más pequeña que las esferas. Como todo lo que encontramos en la naturaleza, las burbujas tienden hacia el nivel de energía más bajo posible. Al hacerlo, minimizan las fuerzas de tensión en la película de jabón, la cual, a su vez, minimiza el área de superficie que encierra el volumen en cuestión. La lógica y la física que explican por qué las burbujas son esferas no es difícil de entender, pero demostrar de forma matemática que la esfera es la superficie de menor área en relación con el volumen en cuestión es sorprendentemente difícil. De hecho, la demostración completa no apareció hasta 1884.

En el siglo XIX, el físico belga Joseph Plateau inventó una serie de leyes que podían aplicarse a la forma de las burbujas. Las primeras dos eran que las películas de jabón constan de superficies lisas y que la curvatura media se mantiene constante en cada una de las películas. La tercera ley dice que cuando tres películas de jabón se tocan, siempre lo hacen a un ángulo de 120°. Esta regla se aplica a cuando dos burbujas se unen porque, en este caso, tres películas de jabón entran en contacto: la de cada burbuja y la del límite que las separa. Si una de las pompas es más grande, el límite se curvará hacia dentro, hacia ella, para satisfacer la tercera ley. La cuarta ley de Plateau es que cuando tres caras se tocan a 120°, sus bordes se tocarán divididos en cuatro partes que tendrán unos ángulos de aproximadamente 109,5°, es decir, el ángulo tetraédrico. Se llama así porque si trazas una línea desde cada una de las esquinas del tetraedro hacia el centro, se unirán en un ángulo de 109,5°.

Lo que hace que los resultados de Plateau sean todavía más impresionantes es que los calculó estando ciego por completo. No está claro qué provocó su pérdida de visión, pero seguramente tuvo que ver con su tendencia a llevar a cabo experimentos ópticos arriesgados. Por ejemplo, se lo conoce por haber mirado al Sol directamente durante 25 segundos para ver qué impresiones le dejaba en la retina.

Hasta ahora solo hemos hablado de pompas de jabón, pero lo cierto es que las burbujas no son más que glóbulos de una sustancia dentro de otra. Podemos ver burbujas de aire en el agua o en cualquier otra sustancia, como por ejemplo en la roca fundida. Cuando la lava que escupen los volcanes se mezcla con el aire y se enfría, puede dar lugar a piedra pómez, un tipo de piedra que está repleta de pequeñas cavidades de aire. A veces encontramos burbujas en el ámbar, la resina fosilizada de los árboles en la que quedaron atrapados algunos insectos prehistóricos. Un trozo de ámbar hallado en la República Dominicana, de una antigüedad estimada de entre 20 y 30 millones de años, contiene una bolsa de agua en la que hay una burbuja todavía más pequeña de aire.[2] Al mover este extraordinario espécimen, la burbujita de aire —que quedó atrapada mucho antes de que cualquier humano pisara la Tierra— se desplaza de aquí para allá.

En el otro extremo de la escala de tamaños están las inmensas bur-bujas del espacio. Una de ellas se conoce como NGC 7635 o, si se prefiere un nombre más pintoresco, la nebulosa de la Burbuja. Está a unos 10.000 años luz de distancia y se ha formado a partir de un inten-so viento estelar —un intenso escape de partículas energéticas— sur-gido de estrellas jóvenes y calientes 45 veces más masivas que el Sol. Este viento estelar, que alcanza velocidades de más de 6 millones de km/h, barre el gas frío interestelar que tiene delante y va formando el borde externo de la burbuja.

La llamada Burbuja Local es mucho más grande, aunque no tan redonda. Se trata de una región del espacio que mide al menos 1.000 años luz de ancho y que abarca el sistema solar y muchos de nuestros vecinos estelares y cúmulos de estrellas. La densidad del gas de la Burbuja Local es muy inferior a la del medio interestelar exterior. Se cree que esta cavidad inmensa, que alberga al Sol, es el resultado de una serie de supernovas que explotaron en los últimos 10 o 20 millo-nes de años.

Ácidos

Cada segundo de cada día estamos en contacto con un ácido muy potente del que, por suerte, no solemos ser conscientes. Las glándulas de la pared intestinal segregan ácido gástrico en el interior del estómago para que nos ayude a digerir los alimentos y mate a las bacterias dañinas antes de que entren en el intestino. Si te sube por la garganta, genera una sensación de quemazón, similar a la de cuando vomitas, y si estuviese en contacto con la piel durante varias horas, provocaría enrojecimiento, ampollas y, finalmente, una quemadura muy fea.

En química, la potencia de los ácidos y de los álcalis se mide a partir del valor del pH (o «potencial de hidrógeno») que presentan. El agua pura es neutra con un pH de 7, mientras que el zumo de naranja es algo ácido, con un pH que oscila entre el 4 y el 3,5. El vinagre, que es básicamente ácido acético en agua, alcanza un pH cercano al 2,5. Los ácidos potentes y peligrosos, como el que encontramos en la batería de plomo y ácido de un coche, tiene un pH por debajo de 1. Para cumplir con su misión de descomponer las proteínas y los materiales vegetales fibrosos, el ácido gástrico tiene un pH que varía entre el 2 y el 1,5.

Esto hace que nos preguntemos lo siguiente: si el ácido gástrico es lo bastante fuerte como para descomponer las proteínas de la carne y puede quemar la piel, ¿por qué el estómago no se digiere a sí mismo?[1] La respuesta reside en la sustancia protectora hecha a base de mucosas y bicarbonato, o «antiácido», que generan las células de la pared estomacal. Ahora bien, si el nivel del pH de los jugos gástricos se mantiene demasiado elevado durante demasiado tiempo, la persona sentirá dolor y, con el tiempo, desarrollará una úlcera estomacal.

En un inicio, la acidez se reconocía como una propiedad específica de algunas sustancias por su sabor. En latín, la palabra que denomina al «vinagre» o al «fuerte sabor del vinagre» es *acetum*, «ácido» en español. El zumo de limón, el té negro fuerte o el vino agrio están entre los líquidos comunes que se describen como ácidos por cómo saben. Pero todos ellos contienen ácidos orgánicos (con base de carbono) débiles —como el ácido cítrico, el tánico, el tartárico, etcétera— que no son perjudiciales. Lo último que hay que hacer con un ácido fuerte es dejar que entre en contacto con la lengua.

Los alquimistas de la Edad Media aprendieron a elaborar ácidos inorgánicos o «minerales». Como máximo exponente de esta andanza aparece un misterioso personaje conocido como Geber que vivió en el siglo XIV y seguramente fue español. Geber no era su nombre real, sino el que adoptó de un alquimista árabe muy anterior a él llamado Jabir ibn Hayyan (Geber es la forma latinizada de Jabir). En varios libros muy influyentes, Geber sintetizó el conocimiento que se tenía de la química en aquella época, incluidas las instrucciones para elaborar distintos ácidos lo suficientemente fuertes como para disolver metales. Esta información era de gran interés para los alquimistas, ya que uno de sus objetivos finales era poder convertir los metales «básicos» como el hierro en oro.

Geber ofreció las primeras instrucciones detalladas sobre cómo hacer «aceite de vitriolo», lo que hoy conocemos como ácido sulfúrico. Describía cómo debían calentarse los «vitriolos» (ciertos compuestos que contenían azufre) para producir azufre y un gas que, al enfriarse, se condensaría con el vapor de agua para dar lugar a un líquido capaz de disolver metales. Describió un proceso similar que implicaba el uso de nitro (nitrato de potasio) y vitriolos para elaborar *aqua fortis* (ácido nítrico), capaz de descomponer la plata. Lo que más intrigó a los alquimistas fue que explicaba que al mezclar sal amoniacal (cloruro de amonio) con *aqua fortis* se obtenía agua regia (una combinación de los ácidos nítrico e hidroclórico). El agua regia se distinguía por ser capaz de disolver incluso oro.

Los alquimistas creían que, para transformar un metal básico en oro, primero tenían que «deshacer» el metal. Por eso, una de las cosas que buscaban era un disolvente universal, un líquido que fuese capaz de disolver cualquier otra sustancia. Les parecía que el agua regia, con su capacidad de disolver oro, podría ser el disolvente que buscaban o, al menos, una buena aproximación a él. La idea era que, si podía «deshacer» oro, quizá el proceso se podría revertir y se podría crear oro a partir de otras sustancias.

Geber albergaba la idea anterior, procedente de los alquimistas árabes, de que todos los metales, incluido el oro, estaban hechos de azufre y mercurio. Lo único que variaba entre un metal y otro eran las proporciones, decían sus enseñanzas, así que todo indicaba que, al modificarlas, se podía transformar un metal en otro. Los alquimistas no sabían que los metales como el oro, la plata, el hierro, el estaño y el plomo eran elementos en sí mismos que no se podían descomponer en sustancias más simples.

Por desgracia, la creencia en la transmutación de metales básicos en oro perduró lo suficiente como para que los estafadores se aprovechasen de ella. Había un truco que consistía en meter una moneda de oro bañada en plata en ácido nítrico. La plata se disolvía y el ácido, que no surtía efecto alguno en el oro que había debajo, lo dejaba expuesto. Así, los incautos clientes ricos se convencían de que la plata se había convertido en oro y los engañaban para que les entregasen dinero para hacer más oro. Naturalmente, jamás volverían a ver ni a los estafadores ni su dinero.

A partir de la segunda mitad del siglo XVIII, los químicos de verdad, como Antoine Lavoisier en Francia y Humphry Davy en Inglaterra, abrieron las puertas a un nuevo nivel de comprensión acerca de la naturaleza de los ácidos y sus contrarios químicos, las bases. Con el tiempo se hizo patente que los ácidos se distinguían por su habilidad de añadir iones positivos de hidrógeno (protones) al agua. El ácido clorhídrico (HCl), por ejemplo, libera iones de hidrógeno (H^+) e iones de cloro (Cl^-). Una base, en cambio, libera iones hidróxidos (OH^-), los cuales se combinan con los iones de hidrógeno para dar moléculas de agua. Por eso las bases neutralizan a los ácidos.

Una forma de medir la fuerza de un ácido es observando la facilidad con la que produce iones de hidrógeno. Los ácidos potentes son los que se disocian —se descomponen en iones— completamente en una solución. Pero ¿cómo de fuertes pueden llegar a ser los ácidos?

Los superácidos son todavía más fuertes que los ácidos minerales tradicionales; más incluso que el ácido sulfúrico 100 % puro. Piensa en las reacciones explosivas o en las terribles quemaduras que los ácidos fuertes comunes pueden provocar, y multiplícalas por muchas veces. La escala de pH es inútil para medir los superácidos porque reaccionan al agua con demasiada violencia, y la manera en que atacan a otras sustancias no se basa únicamente en liberar iones de hidrógeno.

Así pues, los químicos recurren a una forma especial de medir la fuerza de los superácidos llamada función de acidez de Hammett, H_0. En esta escala, el ácido sulfúrico puro tiene una puntuación de -12. En 1927, se descubrió que el ácido perclórico, cuya fórmula es $HClO_4$, era más fuerte que el sulfúrico, con una H_0 de -13 (cuanto más negativo, más fuerte es el ácido). Pero otras dos sustancias, también conocidas en aquella época, demostraron ser aún más fuertes. El ácido fluorosulfónico (FSO_3H) resultó ser unas mil veces más fuerte que el ácido sulfúrico más concentrado, y el pentafluoruro de antimonio (SbF_5), del que se informó por primera vez en 1904, provocaba unas reacciones de una violencia especialmente peligrosa al entrar en contacto con otras sustancias, incluida la piel humana.[2]

Algunos de los superácidos más fuertes de todos se han creado a partir de la combinación de otros ácidos. En la década de 1960, un grupo de químicos de la Universidad Case Western Reserve, en Cleveland, Ohio, liderado por George Olah, mezclaron ácido fluorosulfónico con fluoruro de antimonio. Tras una fiesta de Navidad en 1966, un miembro del equipo de Olah introdujo una vela de cera en aquel nuevo brebaje y vio cómo se disolvía rápidamente. La combinación de superácidos se había aferrado a la cadena de átomos de carbono de la parafina de la cera y había creado una reacción jamás vista. El equipo de Olah se quedó tan impactado por el descubrimiento que le pusieron a su líquido disolvente de cera el nombre de «ácido mágico», un nombre que también apareció en el artículo científico que publicaron para anunciar su descubrimiento. Para que conste, la acidez de Hammett del ácido mágico se sitúa en -23, muy alejada de la de cualquier ácido que encontrarías en cualquier mesa de laboratorio típica. Es cien mil millones de veces más fuerte que el ácido sulfúrico más puro.

Pero aquí no acaba la cosa. El ácido más potente conocido hasta la fecha hace que hasta el ácido mágico quede en un segundo plano. Si mezclas fluoruro de hidrógeno y pentafluoruro de antimonio, habrás creado ácido fluoroantimónico.[3] Que sobrevivas o no ya es otra cosa, a menos que sepas exactamente cómo trabajar de forma segura con sustancias tan letales como esta. Uno de los problemas reside en encontrar algún recipiente capaz de contener el producto. El ácido fluoroantimónico es tan reactivo que ataca a todos los metales, a la mayoría de las sustancias orgánicas, incluyendo la piel y los huesos, a los plásticos e incluso al vidrio. El teflón es uno de los pocos materiales que logra mantener a raya a este rey de los superácidos. Cuenta con una puntuación de −28 en la escala de Hammett, lo que lo hace 100.000 veces más fuerte que el ácido mágico y 10.000 billones de veces más fuerte que el ácido sulfúrico.

Más claro que el agua

En la película de 1986 *Star Trek IV. Misión: salvar la Tierra*, el ingeniero jefe Montgomery Scott le da la fórmula de una sustancia todavía por inventar —el aluminio transparente— a un científico del siglo xx. Este material permite construir un tanque de paredes transparentes y ligeras pero muy resistentes con el que transportar ballenas a bordo de una nave espacial. Pues bien, la ficción se ha convertido en realidad... o casi. El oxinitruro de aluminio, o ALON, es un compuesto cerámico que contiene aluminio, oxígeno y nitrógeno y que presenta una transparencia de la luz visible de más del 80 %. También es lo suficientemente duro como para resistir explosiones y disparos, y con él pueden hacerse ventanas, cúpulas o tubos, entre otros.

Estamos rodeados de sustancias transparentes, las más obvias de las cuales son el aire y el agua. Otros materiales naturales a través de los cuales podemos ver con claridad incluyen el mineral cristalino cuarzo, los diamantes de gran calidad y el corindón. El primer material transparente de creación artificial fue el vidrio, con el sílice (dióxido de silicio) que se encuentra en la arena como ingrediente principal.

La fabricación de vidrio se remonta a hace miles de años, con Oriente Próximo como cuna. En un inicio, sus productos eran puramente decorativos, como joyería y obras de arte. Los romanos fueron los primeros en hacer hojas de vidrio para ventanas, pero, aunque dejaban pasar la luz, eran bastas, de un grosor desigual, y era imposible ver a través de ellas con claridad. Hasta que no fueron apareciendo técnicas de fabricación más sofisticadas ya en la Europa medieval, no se hicieron ventanas verdaderamente transparentes.

Una de las consecuencias más extrañas de la mejora en la fabricación del vidrio fue la creencia errónea de que el propio cuerpo humano estaba hecho de cristal y que podría hacerse añicos a menos que se lo tratase con gran cuidado. Era bien sabido que el rey Carlos VII de Francia estaba afectado por este trastorno y que llevaba ropa reforzada con varillas de hierro para proteger la supuesta fragilidad de su cuerpo. Como precaución adicional, prohibió que nadie se le acercara, incluidos sus consejeros más cercanos. En otro caso, un hombre se convenció de que tenía las nalgas de cristal y que se harían añicos si se sentaba. También temía que, si salía de casa, podría venir un vidriero y fundirlo para hacer de él una ventana.

Hoy cuesta imaginar un mundo sin vidrio. Su cualidad clave de dejar pasar la luz sin absorberla o dispersarla es de un valor incalculable, no solo para las ventanas de los edificios y todos los tipos de transporte, sino también para las gafas y otros dispositivos ópticos.

Imagina un chorro de partículas de luz —fotones— que llega a la superficie de una sustancia. Los electrones que están unidos a los átomos que conforman dicha sustancia ocupan ciertos niveles de energía específicos. Si el fotón se encuentra con un electrón y es capaz de subirlo al siguiente nivel, será absorbido. La diferencia entre el nivel original y el nuevo estado «excitado» se conoce como brecha de energía. Si las brechas de energía son mayores que la cantidad de energía que poseen los fotones que van llegando, la luz no podrá ser absorbida y seguirá su camino.

Pero, para ser transparente, la sustancia no solo debe evitar absorber los fotones, sino que tampoco puede dispersarlos. Si los fotones se van dispersando en distintas direcciones conforme avanzan, la sustancia solo será translúcida. La dispersión se da cuando la luz de pronto se encuentra con regiones de densidades distintas dentro de un mismo material, o si se topa con uno de los llamados bordes de grano donde se encuentran dos cristales microscópicos.[1]

El vidrio transparente de hoy tiene una composición muy uniforme y, por lo tanto, una transparencia elevada. Pero cuanto más grueso es, menos luz deja pasar. Una hoja de 3 milímetros del cristal de una ventana normal deja pasar un 91 % de la luz que le llega. Si duplicamos el grosor hasta llegar a los 6 milímetros, la cantidad transmitida es del 91 % del 91 %, es decir, del 83 %, y así sucesivamente. Si pudiese hacerse una hoja de un metro de grosor libre de impurezas o imperfecciones, la cantidad de luz que conseguiría llegar al otro lado sería tan solo del 0,002 %. Si por un lado recibiese la luz de un día soleado, por el otro sería tan tenue como una noche bañada por la luz de la luna.

Conocemos varias sustancias más transparentes que el vidrio. El cristal de cuarzo puro es una de ellas. Entre los materiales artificiales, los más conocidos son los acrílicos transparentes, utilizados para construir desde cúpulas geodésicas hasta las vallas de protección alrededor de las pistas de hockey que evitan que el disco salga disparado hacia el público. El ETFE (etileno-tetrafluoroetileno) y el PMMA (polimetilmetacrilato), conocido con el nombre comercial de Plexiglas, son significativamente más transparentes que el vidrio. También se pueden fabricar con grosores mucho mayores y aun así transmitir la mayoría de la luz que les llega.

Las diminutas imperfecciones en la disposición atómica y los límites físicos hacen que nada sea cien por cien transparente, excepto un vacío perfecto. Y aun así eso no ha evitado que los escritores especulen sobre la existencia de una sustancia totalmente invisible ni que los científicos dejen de tratar de buscar formas de crear la ilusión de la invisibilidad.

En *El hombre invisible*, de H. G. Wells, publicado originalmente en 1897, el protagonista inventa una sustancia química que cambia el índice refractivo del cuerpo para que sea el mismo que el del aire. Se aplica la sustancia a sí mismo, pero entonces se da cuenta de que no puede revertir el proceso. El escritor ruso Yakov Perelman apuntó a una de las grandes desventajas de tener un cuerpo incapaz de absorber la luz: la persona invisible sería ciega, porque sus retinas dejarían pasar la luz a través de ellas en lugar de absorberla y enviar las señales correspondientes al cerebro.

En el universo de *Star Trek*, algunas naves especiales, como las de los romulanos, están equipadas con un «dispositivo de camuflaje», un tipo de tecnología que curva la luz y otras formas de energía alrededor de la nave para que nadie pueda verla. Como en tantas otras áreas del conocimiento humano, la brecha entre la ciencia ficción y la realidad se está cerrando a pasos agigantados. Hay investigaciones en curso que, desde distintos enfoques, estudian la manera de desarrollar un

Cuatro imágenes de un lenguado tropical mostrando su habilidad de
cambiar su coloración para que coincida con la del fondo marino.

tipo de dispositivo de camuflaje que funcione, para usos militares y
otros propósitos.

Una forma de conseguir dicho camuflaje es utilizando metamate-
riales con propiedades que no se encuentran en las sustancias naturales. Es posible, por ejemplo, diseñar los parámetros ópticos de un dispositivo de camuflaje de modo que dirijan la luz alrededor de un
objeto, logrando así que resulte invisible en ciertas franjas de longitudes de onda.

Otra técnica, llamada camuflaje activo o cripsis, hace que el objeto
en cuestión dé la impresión de desaparecer al integrarlo rápidamente
y con gran precisión en el entorno que lo rodea. Para el observador, es
como si el objeto se hubiese desvanecido, porque tiene el mismo aspecto que el fondo. Existen varios cefalópodos marinos, como el cala-
mar, el pulpo y la sepia, así como algunos reptiles y peces, que utilizan
el camuflaje activo al cambiar de color o generar luz con sus cuerpos
para imitar el fondo a través de la bioluminiscencia.

Se están desarrollando varios sistemas para dotar a objetos y personas de la habilidad del camuflaje activo. Las organizaciones de

defensa están especialmente interesadas, porque supondría una manera perfecta de evitar que sus equipos y personal fuesen detectados visualmente. Las primeras iniciativas en este sentido se llevaron a cabo durante la Segunda Guerra Mundial a partir de un principio llamado camuflaje por difusión de la luz descubierto por el científico canadiense Edmund Burr en 1940. La idea de Burr consistía en proyectar una luz tenue sobre los bordes de un barco por la noche para que imitara el fondo —el cielo nocturno— y quedase así oculto ante los submarinos alemanes en la Batalla del Atlántico. La luz procedería de unos proyectores colocados sobre soportes fijados al casco del barco, y el brillo se controlaría automáticamente con una célula fotoeléctrica. En 1941 pusieron en marcha el proyecto de investigación y se hicieron pruebas con corbetas de la Marina Real de Canadá. La Marina Real del Reino Unido y la Marina de Estados Unidos también pusieron a prueba el concepto entre 1941 y 1943, pero nunca se llevó a producción.

Hoy, a partir de los principios de Burr, se está desarrollando un proyecto mucho más sofisticado desde el punto de vista tecnológico. Consiste en unas cámaras para detectar el fondo y unos revestimientos o paneles especiales para recrear la apariencia de dicho fondo, incluso mientras cambia, instante a instante, en el lado del objeto o de la persona a la que se pretende camuflar.

En una versión de este enfoque, el objetivo es crear un vehículo militar, como un tanque, que resulte invisible a los sensores infrarrojos. Para lograrlo, se cubre el lateral del vehículo con las llamadas placas Peltier. Estas placas se controlan con una corriente eléctrica, y se pueden calentar o enfriar rápidamente para imitar la temperatura exacta del fondo a partir de datos recibidos en tiempo real de una serie de cámaras infrarrojas. Para los sistemas de vigilancia basados en imágenes térmicas del enemigo, a una distancia de más de unos pocos cientos de metros, el vehículo sería invisible.

La misma tecnología puede usarse para alcanzar la «mímesis», es decir, para crear la ilusión de que el objeto que se está camuflando es algo distinto de lo que en realidad es. Así, podría hacerse que un tanque tuviese el aspecto de un coche o de una roca. Para conseguirlo, las placas Peltier tendrían que recibir el perfil infrarrojo del objeto falso deseado desde la galería del sistema de camuflaje. Algunas de las placas imitarían el objeto ilusorio mientras que otras estarían en modo críptico, imitando el fondo natural.

Puede que no exista ninguna sustancia que sea totalmente transparente, y que jamás tengamos a nuestro alcance una capa de invisibilidad como la de Harry Potter, pero si usamos la tecnología de forma astuta, podremos acercarnos todo lo necesario a ambos ideales.

Qué raro

El oro y los diamantes son valiosos porque son bonitos y difíciles de encontrar. Pero distan mucho de ser las sustancias más raras de la Tierra. El oro no llega siquiera a ser el metal más raro. Esa distinción le corresponde al renio, con una concentración media en la corteza terrestre de una milmillonésima parte. Debe su nombre al río Rin (del galo, *rēnos*) del que se obtuvieron las primeras muestras, y no te extrañará saber que fue el último elemento estable en descubrirse, en 1925. La producción mundial total es de tan solo 40 o 50 toneladas al año, y la mayor parte se añade a las superaleaciones para fabricar los componentes de los motores de reacción.

Casi igual de raro es el rodio, el cual se descubrió fruto de la casualidad y gracias al químico y físico inglés William Hyde Wollaston. En Nochebuena de 1800, Wollaston y un compañero rico, Smithson Tennant, cogieron un cargamento de 400 libras de minerales de platino casi puro que se había sacado de contrabando de la colonia española de Nueva Granada (hoy Colombia) a través de Kingston, Jamaica. El precio era elevado, de 795 libras esterlinas, el equivalente a unas 85.000 libras o algo más de 100.000 euros de hoy. Pero fue una buena inversión. En el laboratorio que tenía en el jardín trasero, Wollaston utilizó el mineral para desarrollar un proceso con el que hacer un metal de platino maleable. Mantuvo los detalles del proceso en secreto durante casi veinte años, hasta poco antes de morir, y ganó mucho dinero al ser el único proveedor de platino en Inglaterra.

Mientras trabajaban con el mineral, Wollaston y Tennant encontraron cuatro metales hasta entonces desconocidos —dos cada uno—

que poseían unas propiedades parecidas a las del platino. Wollaston descubrió el paladio (bautizado en honor al asteroide Pallas, que también se acababa de descubrir) en 1802, y el rodio en 1803. La palabra griega *rhodon* significa «rosa», como el distintivo color rojo de las sales que resultaron contener rodio. (Tennant, por su parte, descubrió el iridio y el osmio en soluciones obtenidas a partir del mineral).

La mayor parte del rodio que se produce todos los años se utiliza para fabricar convertidores catalíticos para automóviles o como catalizador en el sector químico. Su excepcional brillo y escasez lo hacen atractivo para la joyería, pero solo para quienes se lo pueden permitir. En el momento de escribir estas líneas, el precio del oro está a 1.819 dólares la onza; para obtener la misma cantidad de rodio tendrás que desembolsar 11.500 dólares.

La escasez es un factor clave a la hora de determinar el valor de las cosas, y los diamantes rosas están entre las piedras preciosas más raras del mundo. Uno de ellos, conocido como la Estrella Rosa, se vendió por el precio sin precedentes de 71 millones de dólares en una subasta de Sotheby's en Hong Kong en el año 2017. Si los comparamos por peso, los diamantes azules se pueden vender por más. Huelga decir que las piedras preciosas de mayor calidad también son valiosas por su perfección y atractivo.

Algunos minerales son mucho menos comunes que los diamantes, las esmeraldas y las amatistas, pero son poco conocidos porque no poseen una apariencia tan deslumbrante. Un buen ejemplo de ello es la painita, que se descubrió en la década de 1950 y en un inicio se consideraba un tipo de rubí, el cual a su vez es una forma de corindón (óxido de aluminio) con impurezas de cromo. Pero la painita posee una composición química compleja que incluye boro, calcio, circonio, aluminio y oxígeno. Debe su color marrón rojizo a las trazas de cromo y vanadio. La painita solo se ha encontrado en una región muy pequeña de Birmania, y su rareza se debe al hecho de que el boro y el circonio casi nunca se combinan en la naturaleza. Hasta 2004, solo dos cristales de painita se habían tallado en forma de piedras preciosas facetadas, aunque recientemente se han hecho descubrimientos en la misma zona que han sacado a relucir otros varios miles de muestras.

Esto nos deja otro mineral que no admite rival como el más raro de los 6.000 tipos que se han identificado en la Tierra. De la kyawthuita (la cual debe su nombre al doctor Kyaw Thu, antiguo geólogo de la Universidad de Yangon), un compuesto de bismuto, antimonio y oxígeno, solo se ha encontrado una única muestra. Fue cerca de Mogok, en Birmania, la misma región que nos ha dado la painita y también muchos rubíes, zafiros y otras variedades de piedras semipreciosas. Esta solitaria muestra, hoy ya tallada, facetada y con un peso de apenas 1,6 quilates (0,3 gramos) se encuentra en el Museo de Historia Natural del Condado de Los Ángeles.

Muchísimo más escasas que cualquiera de las mencionadas hasta ahora son algunas sustancias inestables que se descomponen casi al momento de formarse. El elemento astato forma parte del mismo grupo de elementos que el cloro, el bromo y el yodo —los halógenos—, pero, a diferencia de ellos, es radiactivo en todas sus formas. De hecho, su nombre viene del griego *astatos*, que significa «inquieto».

El astato aparece de manera natural en la Tierra a consecuencia del deterioro de elementos radiactivos más pesados. Le corresponde un número atómico de 85, lo que significa que tiene 85 protones en el núcleo. Los átomos del mismo elemento tienen el mismo número de protones, pero los distintos isótopos de un elemento contienen cantidades diferentes de neutrones. Incluso el isótopo más estable del astato —el astato-210— tiene una vida media que apenas supera las ocho horas. Si reuniésemos todos los átomos de astato presentes en la corteza terrestre en cualquier momento dado, tendríamos menos de medio gramo, y la mitad de él se habría descompuesto en otros elementos en cuestión de horas. Y la cosa se volvería más difícil aún porque incluso una muestra diminuta de astato se vaporizaría de inmediato a causa del calor de su propia radiactividad.[1]

El astato es el elemento natural más raro del planeta por la sencilla razón de que es sumamente inestable. El caso contrario es el acontecimiento más raro jamás presenciado en la Tierra: la descomposición de un elemento increíblemente estable. Como hemos visto en el capítulo 2, un inusual experimento llevado a cabo bajo tierra en Italia para buscar materia oscura ha detectado alguna que otra separación de núcleos individuales de xenón-124, el cual tiene una vida media de 18.000 trillones de años. La vida media mide cuánto tarda de media un tipo concreto de núcleo en desintegrarse. Dado que la desintegración radiactiva es un proceso cien por cien aleatorio, cualquier núcleo podría desintegrarse mucho más rápido o despacio que dicha medida. El xenón-124 tiene el récord de vida media más larga medida directamente de cualquier isótopo inestable.

Algunas de las cosas a las que damos mucho valor en nuestra pequeña bolita rocosa resultan no ser tan raras en el contexto del universo. A unos 900 años luz de distancia, en la constelación de Acuario, se encuentra un objeto del tamaño de la Tierra y de 11.000 millones de años de antigüedad. Los astrónomos lo consideran una enana blanca, los vestigios de una estrella agotada en los que terminará convirtiéndose el Sol cuando se acaben las reacciones nucleares y deje de emitir luz y calor. Pero esta enana blanca se sale de lo común. Se ha vuelto tan fría y tenue a consecuencia de su larga edad que ya no puede verse. Solo sabemos de su presencia por el efecto que surte sobre los pulsos de radio, normalmente estables, que proceden de otra estrella igual de inusual, un púlsar.

La enana blanca, a pesar de ser invisible a ojos de los astrónomos, se manifiesta por la forma en que su gravedad retrasa periódicamente las señales del púlsar. Con el tiempo, los investigadores han logrado calcular la distancia, la masa y la edad de esta estrella enana. Pesa algo más que el Sol y está compuesta casi por completo de carbono comprimido en una pelota del tamaño de un planeta. También es una de las enanas blancas más frías conocidas, con una temperatura de tan solo 2.800 °C, lo bastante fría como para que su carbono se haya cristalizado. Dicho llanamente, esta estrella difunta, un cadáver estelar con una masa como la del Sol y del tamaño de la Tierra, está compuesta íntegramente de diamantes.

TECNOLOGÍA

El ordenador más rápido del mundo

Tuve la gran suerte de conocer y de trabajar en la misma empresa que el gran diseñador de ordenadores rápidos Seymour Cray. El Cray-1, anunciado en 1975, fue el superordenador más eficaz y famoso de los primeros de su especie. Pero ¿cómo de bien o mal parado sale al compararlo con las máquinas de calidad superior de la actualidad o, ya puestos, con un teléfono inteligente?

Ningún ámbito de la tecnología ha avanzado tan deprisa durante la vida media de una persona como la computación. Uno de los primeros ordenadores electrónicos, llamado Colossus, ayudó a dar a los Aliados una ventaja considerable hacia el final de la Segunda Guerra Mundial. Construido en 1944 en el centro de desencriptación del Reino Unido, Bletchley Park, el Colossus se diseñó específicamente para descifrar un código de alto secreto que los altos mandos del Ejército alemán utilizaban para enviar mensajes a sus unidades militares en toda la Europa ocupada. Para el final de la guerra, había ya diez ordenadores Colossus en varios puntos de Inglaterra, cada uno de más de una tonelada de peso y operado por un equipo de varias decenas de personas.[1]

El Colossus recibía información de un lector de cinta de papel a una velocidad de 5.000 caracteres por segundo. Contaba con 2.400 tubos de vacío y fue el primer ordenador electrónico digital del mundo. Pero solo servía para una cosa: descifrar códigos.

El primer ordenador electrónico programable de propósito general, llamado ENIAC, también se construyó con fines militares. Se terminó de fabricar en el año 1945 en la Universidad de Pensilvania, y su diseño y uso principal respondían a la necesidad de calcular tablas de tiro de artillería para el Laboratorio de Investigación Balística del Ejército de los Estados Unidos.

El ENIAC era inmenso. Cuando la prensa descubrió su existencia, le puso el sobrenombre de «cerebro gigante» y se convirtió en el arquetipo de los ordenadores futuristas de la ciencia ficción de los años cincuenta, los cuales se imaginaban de un tamaño enorme y con la capacidad de superar la rapidez mental y la inteligencia humanas. El ENIAC ocupaba gran parte del sótano de 15 por 9 metros de la Escuela de Ingeniería Eléctrica Moore de la Universidad de Pensilvania. Sus cuarenta paneles en forma de U, cada uno de aproximadamente 0,6 metros de ancho, 0,6 metros de profundidad y 2,4 metros de altura, estaban dispuestos a lo largo de tres paredes. Con 17.000 tubos de vacío, 70.000 resistencias y 10.000 condensadores, era capaz de ejecutar 5.000 instrucciones por segundo (IPS), generando así 174 kilovatios de calor.

En el momento de terminarlo, el ENIAC le había costado al Gobierno de Estados Unidos el equivalente a 6 millones de dólares actuales, pero la guerra que debía ayudar a ganar ya había acabado. De hecho, la primera tarea práctica que se le asignó fueron los cálculos del proyecto de la bomba de hidrógeno de Estados Unidos. En 1947 se trasladó al Campo de Pruebas de Aberdeen del Ejército ubicado en Maryland, donde funcionó ininterrumpidamente hasta 1955. En la década de 1950, otros dos «cerebros gigantes», también construidos para el Ejército de Estados Unidos, superaron al ENIAC en cuanto a velocidad. El primero fue el Whirlwind I del MIT en 1951, con una capacidad máxima de 20.000 instrucciones por segundo. Luego, seis años después, el AN/FSQ-7, o Q7, un sistema de comando y control de la defensa aérea durante la Guerra Fría, subió el listón hasta 75.000 instrucciones por segundo.

Para entonces, a los ordenadores se les habían asignado ya cada vez más usos, especialmente en los campos de la ciencia y los negocios. El inicio de los años sesenta trajo consigo el advenimiento de toda una nueva generación de ordenadores que, en lugar de funcionar a base de tubos de vacío, que resultaban muy aparatosos, consumían mucha energía y eran propensos a quemarse, lo hacían a base de transistores de estado sólido. En 1960, apareció la serie 7090 de IBM a base de transistores a un precio equivalente a 20 millones de dólares actuales. Igual que muchos de los ordenadores de última generación de entonces y de hoy, se instaló por primera vez en un centro de investigación, que en este caso fue en el Laboratorio Nacional de Los Álamos. Su velocidad punta de 229 kIPS (miles de instrucciones por segundo) estaba justo por debajo de la de los UNIVAC de Remington Rand, el primero de los cuales se instaló en el Laboratorio Nacional Lawrence Livermore ese mismo año. En 1961, el IBM 7030, también conocido como «Stretch», se convirtió en el primer ordenador en superar la barrera del millón de instrucciones por segundo, aunque su velocidad máxima de 1,2 millones de instrucciones por segundo quedaba muy por debajo del objetivo que se le había asignado en un principio.

El CDC 6600, a menudo considerado el primer superordenador exitoso y diseñado por la Control Data Corporation bajo la supervisión de su diseñador en jefe, Seymour Cray, dejó atrás a todos sus competidores desde 1964 y hasta 1969. Pero no era nada en comparación con su sucesor, el CDC 7600, diseñado por el propio Cray, y sus 15 millones de instrucciones por segundo o, por utilizar otra medida de velocidad de computación, 36 MFLOPS. El acrónimo anglófono MFLOP significa «operaciones de coma flotante por segundo», y es la unidad que se usa más frecuentemente en el campo del procesamiento de datos científicos.

A su vez, el CDC 7600 fue superado por el tercer gran diseño de superordenadores de Cray, el Cray-1, instalado por primera vez en Los Álamos en 1976. El Cray-1 era rápido por varias razones: utilizaba unos chips muy rápidos, así como un tipo nuevo de arquitectura conocida como procesador vectorial, y era compacto, lo cual lograba minimizar la distancia que tenían que recorrer las señales entre las distintas partes del ordenador. Lejos de ser el «cerebro gigante» de las primeras historias de ciencia ficción, el Cray-1 era lo bastante pequeño como para caber en el rincón de una sala de estar y, de hecho, incluso parecía un mueble con asientos, colocados encima de las fuentes de alimentación, alrededor de un armario central en forma de C.

Para su época, el Cray-1 tenía unas características impresionantes: velocidad máxima de 160 MFLOPS, capacidad de almacenamiento de hasta 303 megabytes y memoria (RAM) de 8 megabytes. El precio básico del Cray-1 era de unos 8 millones de dólares, lo que hoy equivaldría a unos 36 millones de dólares. Era una cantidad de dinero astronómica para cualquier empresa pequeña, y de mis primeros días en Cray Research recuerdo las fiestas de celebración que hacíamos tras cada venta.

Sin embargo, según los estándares actuales, el Cray-1 tiene tan poca potencia que resulta hasta cómico. Comparémoslo con un teléfono móvil de alta gama, como el iPhone 13 Pro Max, que cuesta unos 1.300 dólares. El iPhone tiene capacidad para ejecutar 732 GFLOPS (732.000 millones de operaciones de coma flotante por segundo), y cuenta con 1 terabyte (1 billón de bytes) de almacenamiento y con 6 gigabytes (6.000 millones de bytes) de RAM. Sus características hacen que sea 4.800 veces más rápido que el Cray-1, que su almacenamiento principal sea 3.300 veces mayor y que cuente con 750 veces más de RAM. ¡Y todo a un precio 2.000 veces inferior!

Visto lo visto, ¿el iPhone es un superordenador? Según los estándares de las décadas de 1970 y 1980, sí; pero, por definición, un superordenador se encuentra entre los ordenadores más rápidos de su época, y los superordenadores de hoy son mucho más potentes que cualquier teléfono móvil. El campeón actual se llama Frontier y se ha instalado en el Laboratorio Nacional Oak Ridge, en Tennessee.[2] Es el primer ordenador «a exascala» del mundo, lo que significa que es capaz de ejecutar más de 1 trillón (10^{18}) de FLOPS, o 1 exaFLOP. Con un coste de construcción de 600 millones de dólares, vino a sustituir al campeón previo, el japonés Fugaku, en 2022.

Como todos los ordenadores más rápidos del mundo de las últimas décadas, el Frontier consiste en múltiples procesadores y unidades de memoria de alta velocidad que trabajan juntos en armonía. El resultado se conoce como un clúster de computadoras, es decir, un grupo de ordenadores que colaboran tan estrechamente que forman un único sistema de ordenadores con una estructura conocida como «computación paralela masiva». Para lograr que un sistema de estas características, compuesto de múltiples unidades de *hardware* interconectadas, sea capaz de trabajar eficientemente en un problema, han hecho falta una cantidad enorme de desarrollos en *software*. Gracias a estos desarrollos, las tareas que se le asignan a una máquina como el Frontier —por ejemplo, que ejecute un programa complejo de simulación climática— se pueden dividir en muchos cálculos independientes que se pueden llevar a cabo simultáneamente.

Ya hay ordenadores más potentes que el Frontier en proceso de instalación o desarrollo. El primero en superarlo será el Aurora del Laboratorio Nacional de Argonne, a las afueras de Chicago. A finales de

2022, los más de 9.000 nodos computacionales del Aurora, repartidos en 200 armarios, avanzaban hacia una velocidad de unos 2 exaFLOPS. Algunos de sus usos incluirán llevar a cabo estudios sobre tecnologías bajas en carbono, contribuir a desarrollar materiales nuevos para baterías y placas solares más eficientes, y ejecutar simulaciones en los campos de la física de partículas de altas energías, la cosmología y la medicina.

En Oriente, los pioneros en materia de superordenadores y rivales China y Japón se disputan el puesto número uno. A finales de esta década y a principios de la de 2030 aparecerán ordenadores capaces de ejecutar decenas e incluso centenares de exaFLOPS. El gráfico de la potencia computacional muestra un crecimiento exponencial que hace esperar que, para el año 2036, aparezca la primera máquina capaz de ejecutar un zettaFLOP (mil trillones de FLOP). A partir de aquí, ya a principios de la década de 2050, podría cruzarse el umbral del yottaFLOP. Un superordenador con capacidad para ejecutar yottaFLOPS sería un millón de veces más rápido que uno que opere en la escala exaFLOP. Sería capaz de ejecutar una simulación que al Frontier le llevaría seis meses en apenas 15 segundos.

El superordenador a exascala HPE Cray EX, conocido como Frontier, en el Laboratorio Nacional Oak Ridge, actualmente es el ordenador más potente del mundo.

En otro ámbito del desarrollo, se están empezando a construir ordenadores cuánticos. A diferencia de los ordenadores clásicos, este tipo de máquinas operan conforme a las extrañas reglas de la mecánica cuántica. Mientras que un ordenador común utiliza «bits» —dígitos binarios—, los ordenadores cuánticos manejan cúbits, o dígitos cuánticos, los cuales están conectados a través de un fenómeno de lo más peregrino conocido como entrelazamiento cuántico. Con esto se consigue, entre otras cosas, que, mientras ejecuta un cálculo que entraña varios resultados posibles, el ordenador cuántico se divida en varias copias de sí mismo para poder explorar todos los resultados a la vez.

Con el tiempo, los ordenadores cuánticos serán capaces de dejar muy atrás a sus homólogos más clásicos en lo referente a ciertas aplicaciones, como hallar los factores primos de un número muy elevado (uno de los problemas clave de la criptografía) o el camino óptimo entre dos puntos. Uno de los objetivos de los informáticos cuánticos es demostrar la «supremacía cuántica», es decir, la capacidad de un dispositivo cuántico de resolver un problema que los ordenadores clásicos son incapaces de resolver en un período de tiempo factible. Ya se han reivindicado varios casos de supremacía cuántica; por ejemplo, en 2020, un grupo de científicos de la Universidad de Ciencia y Tecnología de China ejecutó un problema de física en su ordenador cuántico, el Jiuzhang, que tardó 20 segundos en resolver, mientras que, según sus estimaciones, a un superordenador clásico le habría llevado 600 millones de años.

Si los avances informáticos nos han enseñado algo es que debemos esperar lo inesperado. Porque, en 1970, ¿quién habría podido predecir que en cosa de medio siglo todos llevaríamos en el bolsillo un dispositivo con un poder de procesamiento inmensamente superior al de cualquier ordenador que existiese por aquel entonces? Los superordenadores del futuro, tanto los de diseño clásico como los cuánticos, tendrán un potencial casi inimaginable y estarán aumentados por unos desarrollos igual de asombrosos en campos como la tecnología inmersiva y la IA. Estos avances bien podrían ayudarnos a encontrar la forma de revertir el calentamiento global y superar las graves amenazas a las que nos enfrentamos. Por otro lado, unas máquinas cada vez más potentes e inteligentes podrían convertirse, muy fácilmente y a una velocidad alarmante, en una amenaza existencial en sí mismas.

El límite es el cielo

La estructura más alta de la Antigüedad también es la más antigua de las Siete Maravillas del Mundo y la única que ha sobrevivido prácticamente intacta. Construida cerca del año 2600 a. e. c., la Gran Pirámide de Guiza se alzaba 146,5 metros del suelo del desierto y se mantuvo invicta durante los siguientes 3.800 años. Hasta que no se terminó la Catedral de Lincoln y su chapitel central de 160 metros, nada llegaba a superarla.

El chapitel de la Catedral de Lincoln se derrumbó en 1548, cediendo así el puesto de edificio más alto de la Tierra entre los siglos XVI y XIX a una sucesión de iglesias de Alemania y Francia. Eso sí, nada superó la altura del chapitel de la mencionada catedral hasta que se erigió el Monumento a Washington en 1884. Este enorme edificio en forma de obelisco que, con sus 169 metros, sigue siendo la columna monumental más alta del mundo, fue superado apenas cinco años después por la Torre Eiffel de París.

Construida como pieza central de la Exposición Universal de 1889, con la que se celebraba el inicio de la Revolución francesa, el diseño de esta torre de hierro forjado fue a cargo de los ingenieros de la empresa de Gustave Eiffel. Durante su construcción, se convirtió en la primera estructura artificial en superar los 200 metros, y luego los 300 metros, hasta alcanzar su altura máxima de 330 metros. Pero eso no le gustó a todo el mundo. Tras anunciarse su diseño, 300 artistas e intelectuales parisinos de renombre firmaron un manifiesto acusándola de ser una «gigantesca chimenea negra de una fábrica».

El plan original consistía en derruir la torre poco después del fin de la Exposición, pero ya que Eiffel había sufragado la mayor parte de los gastos de su construcción, se acordó dejarla en su sitio durante veinte años para que pudiese recuperar la inversión. Eiffel se dio cuenta de que debía demostrar la utilidad de la estructura más allá de como controvertida atracción turística, así que construyó una antena en lo alto y financió los primeros experimentos en el ámbito de la telegrafía inalámbrica. La torre resultó ser tan efectiva para enviar y recibir mensajes sin cable a lo largo de grandes distancias, especialmente para el Ejército francés, que cuando la concesión de Eiffel caducó en 1909, se la renovaron.

En el tercer y último piso de la torre, Eiffel instaló un laboratorio utilizado por él y científicos franceses para estudiar astronomía, meteorología y fisiología. En 1909, instaló un túnel de viento en la base del edificio en el que se llevaron a cabo miles de pruebas aerodinámicas, incluidas las de los aviones de los hermanos Wright y las de los automóviles Porsche.

Gracias a las estrictas medidas de seguridad, solo falleció una persona durante la construcción de la torre, aunque algunas otras han perecido desde entonces. En 1912, un sastre francés llamado Franz Reichelt saltó desde el primer piso ataviado con un traje paracaídas hecho a mano con muelles que esperaba que los aviadores pudieran usar si tenían que abandonar sus naves desde grandes alturas. Había persuadido a la policía parisina de que le dejaran probar el traje diciendo que usaría un maniquí. Sin embargo, en aquel trágico día, se presentó vestido con el traje, convencido de que se deslizaría por el aire hasta aterrizar con total seguridad. Lamentablemente, el paracaídas no se abrió del todo y enseguida se enredó alrededor del cuerpo del sastre. Cayó como una piedra desde 57 metros hasta el suelo congelado a los pies de la torre, donde dejó un pequeño cráter.

Pasados catorce años desde la muerte de Reichelt, el teniente Léon Collot, piloto del Ejército, apostó a que podía atravesar los arcos de la base de la torre con su avión. Logró superarlos, pero entonces golpeó una antena de radio al girar y se estrelló contra el Campo de Marte hecho una bola de fuego. Aunque sobrevivió al impacto, murió por culpa de las llamas que engulleron la cabina de mando.

Al terminarse el pináculo del Edificio Chrysler de Nueva York en 1930, la Torre Eiffel quedó desbancada como la estructura más alta del mundo. Pero el reinado de este rascacielos neoyorquino tampoco duró demasiado, y es que, al año siguiente, otro coloso del *art déco*, el Empire State Building, alcanzó nuevas alturas con sus 380 metros hasta el tejado y 440 hasta la punta de la antena.[1]

Actualmente, el edificio más alto de la ciudad de Nueva York es el One World Trade Center, erigido tras los ataques del 11S que destruyeron las torres gemelas del antiguo World Trade Center. La altura arquitectónica (incluida la aguja de 124 metros) de la «Torre de la Libertad», como se la conoce coloquialmente, es de 541 metros. Su altura en pies (1.776) es un guiño deliberado al año en que se firmó la Declaración de Independencia de Estados Unidos, y tanto la altura del tejado como la superficie de la base coinciden con las de sus predecesoras caídas.

El One World Trade Center, terminado en 2016, es el edificio más alto de Estados Unidos y de todo el hemisferio occidental. Pero en el este varios rascacielos han superado su altura. El más alto de todos con diferencia es el Burj Khalifa de Dubái, en los Emiratos Árabes Unidos. Se eleva hasta los 828 metros hasta la punta de la aguja. Estamos hablando de tres veces la altura de la Torre Eiffel, y casi el doble de la del Empire State Building.

El altísimo Burj Khalifa, cuya punta alcanza a verse desde 95 kilómetros de distancia, tiene 160 pisos. Un ascensor público da servicio a 140 de ellos y, con una velocidad de 10 metros por segundo, puede llevar a sus pasajeros desde la planta baja hasta el mirador del piso 124 en apenas un minuto.

En el mundo no hay ningún otro edificio que haya superado los 700 metros de altura, y mucho menos los 800. En la actualidad solo hay dos, al margen del Burj, que superen los 600 metros: la Torre de Shanghái en China y la Torre del Reloj de la Meca, en Arabia Saudí, la última adhesión a un enorme complejo hotelero destinado principalmente a acoger a los visitantes y peregrinos del lugar más santo del islam, la Gran Mezquita de la Meca, de la que no está lejos.

Por ahora, no hay ningún proyecto en marcha que vaya a superar al Burj Khalifa. No obstante, si alguna vez se retoman las obras de la Torre Jeddah, en Arabia Saudí, terminaría haciéndose con el primer puesto y, con una altura planeada de más de 1.000 metros, se convertiría en el primer edificio en superar el kilómetro de altura. De mo-

194 ¡BUUUM!

mento se ha construido cerca de un tercio de la torre, pero ciertos problemas de carácter laboral han paralizado cualquier avance desde 2016.

No han faltado planes visionarios de edificios y otras estructuras de alturas extraordinarias, varios de los cuales se han propuesto para Tokio, la ciudad más poblada de la Tierra, con más de 37 millones de habitantes en su área metropolitana. La Sky Mile Tower, cuyos planes se presentaron en 2015, llegaría a una altura de 1.700 metros y se construiría en un archipiélago de tierra recuperada en la bahía de Tokio.

Dos décadas antes se había presentado un plan aún más ambicioso para la misma bahía: la Megaciudad Pirámide de Shimizu multiplicaría por 14 la altura de la Gran Pirámide de Guiza y serviría de hogar para 750.000 personas. Todavía más insuperable sería el megarrascacielos X-Seed 4000, diseñado por Taisei Corporation en 1995, con una altura proyectada de 3.778 metros, 224 más que el Monte Fuji, cuya forma imita. Como todos los edificios que alcanzan alturas de varios kilómetros, el X-Seed 4000 tendría que proteger a sus ocupantes de los cambios de presión interna y externa, así como de las fluctuaciones del clima. En este caso, los diseñadores proponían usar la energía solar para mantener una climatización interna razonablemente constante.

Otra estructura propuesta para Tokio, esta vez en 1992, es el edificio más alto jamás imaginado. La Torre de Babel de Tokio ascendería hasta la vertiginosa altura de 10 kilómetros, superando así al Everest como el punto más elevado de la superficie terrestre. Se tardaría más de un siglo en construirla, costaría 22 billones de dólares y en ella podrían vivir unos 30 millones de personas. Estos tres ambiciosos planes para la capital japonesa son ejemplos de lo que se conoce como arcología. El arquitecto estadounidense nacido en Italia Paolo Soleri acuñó este término en los años sesenta a partir de la combinación de «arquitectura» y «ecología». La arcología es un concepto que está empezando a verse en muchos diseños nuevos a gran escala que combinan el espacio para ofrecer instalaciones residenciales y comerciales con un intento de minimizar su impacto medioambiental.

Las estructuras de altura, en referencia a cualquier construcción humana que se alce desde el suelo, no solo son edificios. Los postes de televisión y radio tienen que ser altos por razones obvias y, durante muchos años, fueron las estructuras más elevadas que existían. Ninguna superaba a la torre de comunicaciones KVLY-TV en Blanchard, Dakota del Norte, cuando la terminaron en 1963, con 629 metros de altura. A los once años de su construcción fue superada por la Torre de Radio de Varsovia, de 680 metros, pero se derrumbó en 1991. De nuevo, Dakota del Norte volvió a ser el hogar de la estructura más alta del mundo hasta que el Burj Khalifa se alzó sobre ella en 2008.

Solo hay una estructura, llamémosla así, que podría superar con creces la altura de cualquier edificio que esté hoy en pie o que se haya imaginado jamás. Konstantin Tsiolkovsky fue el primero en describir la idea de un ascensor espacial —un medio de subir cargas al espacio usando una conexión física anclada en la superficie— en el año 1895. Desde entonces ha aparecido en muchas historias de ciencia ficción, y se ha estudiado como medio práctico de poner en órbita a personas y otras cargas. La versión actual del ascensor espacial es la atadura espacial, concebida en 1960 por otro ruso, Yuri Artsutanov.

Imagina un cable que se extiende 35.800 kilómetros desde el suelo y en vertical hacia el negro vacío del espacio. A esta altura, un satélite completa una órbita en el tiempo exacto que tarda la Tierra en rotar una vez alrededor de su eje, de forma que el satélite parece estar clavado en el mismo punto en el cielo. Si el cable se fija a un objeto en una órbita geosíncrona, sus extremos no se moverán y podrá usarse como medio de transporte entre la tierra y el espacio. Los problemas tecnológicos que plantearía construir una atadura espacial de tal longitud son incontables. Uno de los principales sería que la tensión del cable sería tal que ningún material conocido sería capaz de resistirla y al mismo tiempo ser lo bastante ligera como para llevar a cabo su cometido. Quizá en el futuro los avances relacionados con los nanotubos de carbono o los nanohilos de diamante den lugar a un diseño práctico, y será entonces cuando los récords de altura de las estructuras artificiales quedarán definitivamente pulverizados.[2]

Mecanismos fascinantes

En el año 1900, unos buzos recolectores de esponja descubrieron un barco romano naufragado en la costa de la isla griega de Anticitera. Entre los artefactos recuperados se encontraban los restos corroídos de un dispositivo que hoy muchos creen que era la calculadora más antigua del mundo. Para haberse hecho hace más de 2.000 años, es sorprendentemente avanzada en lo referente al diseño y la complejidad de sus partes.

El mecanismo de Anticitera, como se lo conoce, se encuentra en un marco de madera que mide 34 × 18 × 9 centímetros y consiste en una serie de engranajes de bronce, el más grande de los cuales mide 13 centímetros de diámetro y, originalmente, contaba con 223 dientes. Los análisis hechos con rayos X revelaron un total de 37 engranajes cuyos movimientos, según parece, se utilizaban para calcular los movimientos del Sol y de la Luna, predecir eclipses y explicar los cambios de velocidad de la Luna en el cielo (va más rápido cuando está cerca que cuando la tenemos más lejos).[1]

No cabe duda de que los científicos griegos construyeron otras máquinas como esta entre los siglos III y I a. e. c., pero no volvieron a aparecer dispositivos de complejidad similar hasta el siglo XIV en la Europa occidental. Richard de Wallingford, en Inglaterra, y Giovanni de' Dondi en Italia, hicieron relojes astronómicos que llevaron al límite las posibilidades de la tecnología de la época. El astrario de Dondi combinaba las funciones de un reloj, de un calendario y de un planetario. Sus 107 engranajes y piñones trabajaban en perfecta sintonía y no solo llevaban un registro preciso de la hora y la fecha, sino que también calculaban los movimientos del Sol, la Luna y los cinco planetas entonces conocidos: Mercurio, Venus, Marte, Júpiter y Saturno.

Ahora bien, en el pasado también se crearon mecanismos igual de detallados y hechos con mano experta para fines mucho menos prácticos. En la Grecia antigua, la isla de Rodas tenía la reputación de ser la capital de la ingeniería mecánica y era conocida por sus divertidos autómatas. En el siglo V a. e. c., el poeta Píndaro escribió: «Las figuras animadas adornan todas las calles públicas y parece que respiran a través de la piedra o mueven los pies de mármol».

Con el tiempo, estos autómatas se fueron volviendo más elaborados y reales. A veces se dice del académico e inventor musulmán del siglo XII Ismail al-Jazari que es el padre de la robótica, y todo por sus creaciones asombrosamente avanzadas. En su *Libro de Mecanismos Ingeniosos*, del año 1206, describe lo que vienen a ser autómatas humanoides programables. Su artilugio más destacado fue una barca que flotaba sobre un lago con cuatro músicos mecánicos a bordo para entretener a los invitados en las fiestas en que se consumía alcohol. Los infatigables miembros de la banda eran capaces de producir decenas de gestos faciales y corporales durante sus interpretaciones. Por su parte, la percusión era cortesía de una de las primeras cajas de ritmos mecánicas, operada por una serie de clavijas y palancas diminutas que se podían programar de antemano para que tocasen una serie de patrones y ritmos distintos.

Los diseños de algunos dispositivos ingeniosos y complicados iban por delante de las técnicas de ingeniera que se necesitaban para construirlos. Ese fue el caso de las primeras computadoras mecánicas inventadas por el matemático británico Charles Babbage. Había advertido que las tablas astronómicas y matemáticas de principios del siglo XIX estaban plagadas de errores porque los cálculos debían hacerse a mano, de forma que eran vulnerables al error humano. De ahí sacó la idea de construir una máquina que se encargase de la tediosa tarea de la computación con mayor precisión, más rápidamente y sin cansarse nunca.

En 1822, Babbage recibió una subvención del gobierno británico para construir una calculadora automática que consistiría en numerosas ruedas dentadas engranadas y bielas, a la que llamó máquina diferencial. Empezó a construirla, pero nunca llegó a terminarla. A pesar de los heroicos esfuerzos por construir un modelo que funcionase, las tolerancias críticas iban mucho más allá de lo que podían ofrecer los ingenieros de la época.

El gobierno había invertido 17.000 libras y Babbage había desembolsado 6.000 de su propio bolsillo para financiar el proyecto cuando Babbage le echó el ojo a otro todavía más ambicioso. Se dio cuenta de que los mecanismos básicos de la máquina diferencial se podían generalizar para crear una máquina calculadora multiusos que podría programarse con un mecanismo de tarjetas perforadas como el de un telar de Jacquard. Aquella máquina enormemente más potente recibió el nombre de «máquina analítica» y habría sido el verdadero primer ordenador del mundo. Pero no llegó a alzar el vuelo. «Tuvo la poca vista —escribió el secretario de la Royal Astronomical Society— de forzar a los miembros del Gobierno a considerar esta nueva máquina cuando ya estaban hartos de la anterior». El primer ministro Robert Peel se mostró muy poco interesado: «Me gustaría contar con cierta consideración previa antes de promover en una cámara poco nutrida una votación importante para la creación de un hombre de madera que calcule tablas a partir de la fórmula $x^2 + x + 41$».

Cuando el Gobierno dejó de apoyar sus planes, Babbage se quedó desilusionado y resentido. No obstante, sus ideas sobrevivieron y acabaron siendo las precursoras de los ordenadores modernos. Algunas partes de sus mecanismos incompletos están expuestos en el Museo de la Ciencia de Londres. En 1991 se construyó una máquina diferencial siguiendo los planes originales de Babbage, y resultó funcionar perfectamente.[2]

Los auténticos primeros ordenadores surgieron de unos estudios que se llevaron a cabo, desde el punto de vista teórico y práctico, en la década de 1930. En el Instituto de Tecnología de Massachusetts (MIT), en Cambridge, Vannevar Bush desarrolló el primer ordenador analógico moderno, llamado analizador diferencial. Sus varas y engranajes móviles ejecutaban largas series de sumas y multiplicaciones, mientras que un disco que rotaba sobre una mesa circular se encargaba de las integraciones, un proceso fundamental para resolver muchos problemas en los campos de la ciencia y la ingeniería. El analizador diferencial y su funcionamiento ajetreado y ruidoso enseguida apareció en dos películas muy famosas de ciencia ficción de los años cincuenta: *Cuando los mundos chocan* (1951) y *La Tierra contra los platillos volantes* (1956).

En la otra punta de la ciudad con respecto del MIT, y más o menos en la misma época, Howard Aitken, de la Universidad de Harvard, trabajaba en un enfoque distinto de la computación: digital en lugar de analógico. En 1937 había empezado a diseñar una serie de cuatro máquinas calculadoras cada vez más sofisticadas, desde la Mark I, en su mayor parte mecánica, hasta la Mark IV, totalmente electrónica. Para finales de la Segunda Guerra Mundial, los tubos de vacío o válvulas habían sustituido a los aparatos mecánicos y la era de los ordenadores —el más extraordinario de los inventos humanos— había empezado.

Ahora bien, los tubos de vacío eran conocidos por su poca fiabilidad y por ser propensos a quemarse. Cuando miles de ellos debían trabajar en sintonía en los primeros ordenadores electrónicos de los años cuarenta y cincuenta, la tarea de ir sustituyendo los que se iban estropeando era infinita. La invención del transistor en 1948 y su increíble miniaturización posterior revolucionó el terreno de la computación, y el mundo comenzó a depender cada vez más de él.

La fascinación por hacer que los objetos sean cada vez más pequeños ha sido un tema recurrente en la ciencia ficción durante al menos un siglo. A veces son las personas las que se encogen sin querer por culpa de la radiación, como ocurre en la serie de televisión *Tierra de gigantes* a causa de una misteriosa perturbación en el espacio-tiempo. En otros casos, la miniaturización es el resultado intencional de algún avance tecnológico. La película de 1966 *Viaje alucinante* trata sobre un submarino y su tripulación, que son reducidos al tamaño de un microbio e inyectados en el cuerpo de un paciente para que deshagan un coágulo que tiene en el cerebro.

Ninguno de estos métodos de reducir objetos al comprimir la versión original hasta la escala atómica es factible. Lo que sí ha sido posible es dar grandes pasos en la miniaturización de los objetos gracias al descubrimiento de componentes nuevos y más pequeños. El transistor primero y luego el circuito integrado, en el que muchos transistores microscópicos se podían fabricar sobre un único chip de silicio, permitieron que los ordenadores redujesen su tamaño y ganasen más y más potencia. Los chips semiconductores más avanzados de hoy en día contienen muchos miles de millones de transistores en un área no mucho mayor que la uña del dedo pulgar. El actual récord está en 2,6 billones de transistores, cada uno de los cuales es un interruptor independiente que se puede utilizar para procesar o almacenar datos, en el Wafer Scale Engine (o chip a escala de oblea) fabricado por la empresa Cerebras.

Las máquinas moleculares son la vanguardia de la tecnología actual. Tal como su nombre indica, se trata de dispositivos compuestos por moléculas individuales o grupos de moléculas diseñados para llevar a cabo tareas sencillas. En la naturaleza encontramos algunos ejemplos de este tipo de máquinas, como los ribosomas, los cuales se encargan de ayudar a ensamblar proteínas, y las cinesinas, que transportan otras moléculas de un lugar a otro. Las máquinas moleculares artificiales todavía están en sus primeras fases de desarrollo, pero ya se han hecho demostraciones de varios motores, interruptores y puertas lógicas moleculares. Puede que los submarinos microscópicos como el de *Viaje alucinante* nunca pasen de ser una fantasía, pero los «nanobots», capaces de vagar por el interior de nuestros organismos y llevar medicamentos al lugar necesario con una precisión exacta, o de localizar y destruir células cancerígenas, ya están a la vista.

A toda pastilla

El humano más rápido del mundo oficialmente es el corredor jamaicano Usain Bolt, quien, en 2009, logró una media de 37,7 km/h al recorrer 100 metros en 9,58 segundos. Su velocidad máxima, alcanzada en el tramo de los 60-80 metros, fue de 44,7 km/h. Sin embargo, por muy impresionante que sea, Bolt no habría tenido nada que hacer contra el animal bípedo más rápido del mundo, el avestruz, el cual alcanza una velocidad de hasta 70 km/h y, lo que es más impactante todavía, es capaz de mantener un ritmo constante de 60 km/h durante períodos de 30 minutos.

Lo cierto es que, cuando se trata de ganar velocidad, cuatro patas son mejor que dos. No hay nada más rápido sobre la tierra que el guepardo, cuya complexión ligera, piernas largas y delgadas y cola larga le permiten desplazarse a 98 km/h o más en períodos breves. Es solo un poco más rápido que algunas de sus presas, incluidos el antílope americano y la gacela saltarina, pero el guepardo tiene la ventaja adicional de contar con una aceleración y una maniobrabilidad excepcionales.

En el agua, nada supera al aerodinámico pez vela y sus 110 km/h. Pero incluso esta velocidad parece moco de pavo si la comparamos con la de los animales más rápidos de la Tierra, y es que en esta categoría las aves se llevan todos los premios. Cuando hablamos de vuelos rectos y nivelados con aleteo, varias aves capaces de volar en el rango de 150-170 km/h se disputan el récord: el vencejo mongol, el alcotán europeo y la fragata. Esta última cuenta con la ventaja de tener las alas más grandes en relación con el peso de su cuerpo de todas las aves.

Cuando tenemos en cuenta los vuelos en picado, tenemos un claro ganador: el halcón peregrino, que, al lanzarse en picado para cazar, puede alcanzar unos impactantes 389 km/h.

Durante la mayor parte de la historia de la humanidad, la forma más rápida de ir de un lugar a otro era a caballo. No obstante, y a pesar de que los caballos son rápidos, no pueden galopar durante mucho rato, ya que de lo contrario se sobrecalientan. La solución pasa por cambiar de caballo a intervalos regulares. Estos relevos se remontan a hace más de 4.000 años, y eran una práctica general en Babilonia, Persia, China, Mongolia y Egipto. Uno de los casos más famosos, ya más reciente, es el del servicio de Pony Express del Lejano Oeste, el cual ofrecía el método más rápido de hacer llegar una carta entre la costa atlántica y la pacífica antes de que los primeros ferrocarriles cruzasen Estados Unidos.

Una diligencia tirada por caballos tardaba veinticinco días o más en hacer el viaje transcontinental; era tres veces más rápido que navegar alrededor del cabo de Hornos, pero seguía siendo bastante lento. Con el Pony Express, los ferrocarriles se ocupaban de la etapa este del viaje antes de que los jinetes, que cabalgaban día y noche entre las estaciones de relevo que se encontraban a 16 kilómetros de distancia, completaran el viaje desde Misuri hasta California. El Pony Express era capaz de llevar un saco pequeño de correo de lado a lado de Estados Unidos en diez días por unos pocos dólares la carta. Solo estuvo en funcionamiento durante 18 meses, entre abril de 1860 y octubre de 1861, ya que cerró unos días después de inaugurarse el servicio del telégrafo de alcance nacional.

Los primeros vehículos capaces de viajar más rápido que los caballos fueron los primeros trenes. El Ferrocarril de Liverpool y Mánchester, que dio paso a la era de los trenes de pasajeros, se desplazaba a una velocidad máxima de 48 km/h. Pero, para 1850, las locomotoras a vapor tiraban de los trenes británicos a una velocidad de hasta 125 km/h, superior a la de cualquier animal acuático o terrestre. En 1938, la potente y aerodinámica *Mallard* estableció el récord mundial de velocidad de una locomotora a vapor con 203 km/h, récord que mantiene a día de hoy.

Los primeros coches eran más lentos que los carruajes de caballos y, en el Reino Unido, estaban restringidos por lo que vino a conocerse como la Ley de la Bandera Roja de 1865. Dicha normativa prohibía conducir a más de 4 millas por hora en las carreteras rurales, y a más de 2 millas por hora en las ciudades, y además requería que todos los vehículos autopropulsados fuesen precedidos a una distancia de al menos a 60 yardas, o unos 55 metros, de una persona a pie que llevase una bandera roja. Saltarse estos límites de velocidad traía consigo una multa considerable, de 10 libras esterlinas. Finalmente, la ley se revocó en 1896, y el límite de velocidad se aumentó a 14 millas por hora.

Hasta 1903, los trenes fueron los vehículos más rápidos que se podían utilizar para viajar por tierra. Ese año, el galardón cayó por primera vez en manos de un coche: un Gobron Brillié alcanzó los 132 km/h. En 1906, el Stanley Rocket, un coche a vapor de fabricación estadounidense, se convirtió en el primer vehículo en desplazarse a más de 200 km/h, y hasta el año 2009 fue el vehículo a vapor en desplazarse más rápidamente por tierra del mundo.

Para principios de la década de 1920, los humanos ya contábamos con una forma más rápida y nueva de viajar: por aire, con unos aviones que superaban los 300 km/h. Ya nunca habría la posibilidad de que un modo de transporte terrestre o marino superase la velocidad del avión más rápido. Para 1923, la velocidad aérea estaba en más de 400 km/h. Al estallar la Segunda Guerra Mundial, dos aviones alemanes habían superado los 700 km/h. Uno de ellos, el Heinkel He 100, fue el avión de combate más rápido del mundo en el momento de su desarrollo, pero por razones que se desconocen jamás se ordenó su producción. Tan solo se construyeron 19 prototipos y ejemplos de preproducción, y ninguno sobrevivió a la guerra. El otro avión alemán más rápido de antes de la guerra, el Messerschmitt 209, era un avión de carreras de un solo motor diseñado para romper récords de velocidad y servir como herramienta propagandística.

Durante la guerra, tres aviones fabricados por Messerschmitt fueron los primeros en volar a más de 1.000 km/h. Dos de ellos, versiones distintas del Me 163 Komet, fueron los únicos aviones de combate propulsados por cohete operativos de la historia, y las primeras aeronaves pilotadas de cualquier tipo en sobrepasar los 1.000 km/h en vuelo recto y nivelado.[1] El Me 262, el primer avión con motor de reacción operativo, alcanzó una velocidad máxima parecida, pero solo durante una pronunciada maniobra de caída en picado.

En los años inmediatamente posteriores a la guerra, empezó la carrera por ser el primero en viajar a una velocidad superior a la del sonido, es decir, en romper la barrera del sonido. En el Reino Unido, se avanzó en este sentido con el Miles M.52, un avión propulsado por turborreactor. A partir de un acuerdo entre el Ministerio Británico del Aire y los Estados Unidos, el Reino Unido compartió con Estados Unidos los detalles de sus investigaciones sobre la alta velocidad y de sus diseños. Bell Aircraft obtuvo acceso a los planos del M.52 y los usó para ponerse a trabajar en el Bell X-1, la versión final del cual tendría muchas semejanzas con el M.52.

El 14 de octubre de 1947, el capitán de las Fuerzas Aéreas Charles «Chuck» Yeager puso su Bell X-1 propulsado por cohete a 1.299 km/h, o Mach 1,06, es decir, un 6 % más rápido que la velocidad del sonido.[2] Al mes siguiente pulverizó ese récord con el mismo avión al alcanzar los 1.434 km/h (Mach 1,17). En aquellos días, la rivalidad dentro de la propia casa por llevar al límite la velocidad era feroz. El 20 de noviembre de 1953, Scott Crossfield, un piloto de pruebas que trabajaba en el Comité Asesor Nacional para la Aeronáutica (NACA, por sus siglas en inglés) en la Estación de Vuelos de Alta Velocidad de la Base Edwards de las Fuerzas Aéreas en California, puso el avión cohete con motor a reacción D-558-II Skyrocket de la Marina a 2.078 km/h, algo más del doble de la velocidad del sonido y un 25 % más rápido de la velocidad que se esperaba obtener con el diseño del Skyrocket.

Tras ser vencidos de tal manera, Yeager y su compañero, el también piloto de pruebas Jack Ridley, estaban decididos a arrebatarle el récord de velocidad a las Fuerzas Aéreas en una serie de vuelos a la que llamaron «Operation NACA Weep» [Operación Hacer Llorar a NACA]. El 12 de diciembre de 1953, Yeager despegó en un Bell X-1A, que era parecido al X-1 pero llevaba turbobombas, una cabina nueva, un fuselaje más alargado y mayor capacidad para el combustible. Tras subir a una altura de unos 23.000 metros, aceleró hasta alcanzar la velocidad de Mach 2,44, con la que batió el récord, antes de que casi ocurriese una desgracia. El avión empezó a dar vueltas sin control sobre sus tres ejes, la fuerza g aumentó peligrosamente hasta 8 g, y la cabeza de Yeager fue propulsada hacia delante con tanta violencia que su casco rajó la ventana de plástico de la cabina. El X-1A cayó girando sobre sí mismo una distancia de unos 15.000 metros en

51 segundos antes de que, gracias a que el aire era más denso ya a los 7.600 metros, Yeager lograra recuperar el control y aterrizar de forma segura. Yeager y Ridley no solo habían alcanzado su objetivo de batir el récord de la Marina, sino que, además, lo hicieron a tiempo de estropear la celebración que las fuerzas rivales tenían planeada para el 50.º aniversario del vuelo humano motorizado, en la que Crossfield iba a ser nombrado «el hombre vivo más rápido».

Los récords mundiales de velocidad por tierra, mar y aire de los años cincuenta ya se han pulverizado, pero, sorprendentemente, en lo que llevamos de siglo XXI no se ha establecido ninguno nuevo. El récord de velocidad por tierra actual le corresponde al comandante de ala Andy Green, un piloto de combate retirado que, en 1997, puso el automóvil a reacción Thrust SSC a 1.223,7 km/h y con ello se convirtió en la primera persona en romper la barrera del sonido sin despegar los pies del suelo. El récord de velocidad en agua ha resultado ser el más peligroso de batir. De las trece personas que lo han intentado desde el año 1930, siete han fallecido. El récord actual de 511 km/h lo ostenta Ken Warby, un corredor de carreras en lancha motora australiano que lo estableció en 1978 en el río Tumut, cerca de la presa Blowering, en Nueva Gales del Sur, con el Spirit of Australia, una lancha de carreras de madera con motor a reacción construida en un jardín trasero de Sídney.

Respecto del récord de velocidad por aire, eso depende de qué candidatos se acepten. El Lockheed SR-71 Blackbird es el campeón entre los aviones a reacción con tomas de aire tripulados, con una velocidad de 3.550 km/h (Mach 3,2) alcanzada en 1976. Entre los aviones cohete, el ganador es el North American X-15 de la NASA, pilotado en 1967 por William «Pete» Knight hasta llegar a los 7.274 km/h (Mach 6,7) a una altitud de 31.120 metros, una velocidad jamás superada por una nave propulsada y tripulada. Los únicos vehículos con pasajeros humanos que han alcanzado velocidades mayores son los que suben hasta el espacio propulsados por cohetes o que han reentrado en la atmósfera sin propulsión. El 14 de noviembre de 1981, el transbordador espacial Columbia, pilotado por Joe Engle, llevó a cabo el vuelo de control manual más rápido en la atmósfera durante la reentrada de la misión STS-2 del transbordador.

NATURALEZA

Pocos y muchos

En el momento de escribir estas líneas, y según el «Worldometer» (el cual se basa en datos de las Naciones Unidas), en el mundo hay algo más de 8.000 millones de personas; en 1950 éramos 2.500 millones, mientras que en 1920 éramos 1.900 millones. Eso quiere decir que hoy todavía viven personas que nacieron cuando la población mundial era menos de una cuarta parte de lo que es ahora.

Los dos países más poblados son China y la India, cada uno con unos 1.400 millones de habitantes. Se estima que a lo largo de la historia humana han fallecido 110.000 millones de personas, de forma que más o menos el 7 % de todas las personas que han existido están vivas en estos momentos.

Para el año 10000 a. e. c., la población mundial era de cerca de un millón. En el año 1 e. c., esa cifra había aumentado hasta los 200 millones, un millón de los cuales vivían en la ciudad más grande de entonces, Roma. Calcular la población humana en épocas antiguas es complicado porque no hay vestigios de grandes asentamientos ni censos o registros escritos de ningún tipo. Las estimaciones deben basarse en evidencias como los huesos, los fósiles y la secuenciación del ADN.

Hay una gran diferencia entre la población total de una especie y el número de especímenes individuales que existen en cualquier momento dado. Otro factor importante es la esperanza de vida media, la cual era mucho más reducida en la Prehistoria. Entre hace 4 millones de años y hace 200.000, cuando tanto nosotros como nuestros ancestros homínidos vivíamos exclusivamente en la sabana africana, la vida media era de unos veinte años, lo que significa que casi toda la población de homínidos o humanos se renovaba por completo unas cinco veces cada siglo. La población global de este dilatado período, del que dependía el futuro de la raza humana, fluctuaba entre unos 100.000 y apenas 10.000 individuos. Si se nos hubiese asignado un estado de conservación, a nosotros y a nuestros antepasados se nos habría clasificado de «vulnerables» o «en peligro de extinción».

Entre los mamíferos más grandes de la actualidad, somos de los más numerosos, y, sin duda, encabezamos la lista cuando se trata de primates. En este sentido, el que más nos pisa los talones es el macaco de cola larga, el cual —¡qué sorpresa!— tiene una larga historia de asociación con los humanos. Se cree que hay unos 2,5 millones de estos monos omnívoros en varias partes del sureste asiático. Aunque, como todos los primates no humanos han perdido parte de su hábitat, también han demostrado ser oportunistas y saber adaptarse a la perfección: roban comida a las personas, de forma tanto pasiva como agresiva, y se han ganado una reputación nada buena entre los agricultores. Ningún otro primate vivo puede presumir de tener una población de más de una tercera parte de un millón, y las poblaciones de muchas especies se cuentan en pocos miles o pocos cientos de individuos.[1]

Los únicos mamíferos que podrían llegar a sobrepasarnos en número en la actualidad son dos animales que se han beneficiado enormemente de nuestra presencia: la rata marrón y el ratón doméstico. A ambos se los consideran plagas y alimañas, aunque, visto lo visto, cuesta trabajo nombrar una especie que haya tenido un efecto más nocivo que el *Homo sapiens*.

Tampoco es de extrañar que entre otros mamíferos numerosos estén los que hemos domesticado, ya sea como animales de granja o como mascotas. Hay aproximadamente 1.500 millones de vacas, la mayoría en la India (donde se consideran sagradas), Brasil y Estados Unidos. Los perros suman unos 470 millones, y los gatos domésticos, unos 370 millones.

En el mundo de las aves, se cree que la especie salvaje más común es la quelea común, endémica de la región africana del sur del Sáhara. Este pájaro del tamaño de un gorrión vive en colonias enormes. Un solo árbol puede llegar a alojar cientos o incluso miles de nidos cuidadosamente tejidos. Las colonias únicas pueden extenderse cientos de acres y comprender a decenas de millones de individuos. En total, se estima que la población alcanza los 1.500 millones.

Pero los vertebrados más numerosos no viven en la tierra, sino en el agua. Se cree que la población piscícola de los océanos de todo el mundo alcanza los 3,5 billones. El número de peces conocidos —unos 5.600— se divide más o menos equitativamente entre peces de agua salada y de agua dulce. Y el más común de entre todas las especies es uno del que quizá no hayas oído hablar: se lo conoce como pez luminoso, es del tamaño de un pececillo y vive a profundidades de más de 500 metros por todo el mundo.

Suele ocurrir que lo pequeño abunda más que lo grande, y con los seres vivos ocurre lo mismo. Hay muchos más invertebrados que animales con columna vertebral. De los 2,5 millones de especies animales que se han documentado, cerca de un millón, o el 40 %, son insectos. Eso sí, los investigadores creen que existen muchas más especies de insectos, quizá entre 10 y 30 millones, que todavía esperan a ser descritas por la ciencia.

Y es que, si nos fijamos en los escarabajos, encontramos unas 400.000 especies; eso quiere decir que existe más de una especie de escarabajo por cada chimpancé que vive en libertad. De hecho, los escarabajos (*Coleoptera*) representan más o menos una sexta parte de todas las especies animales. Hay menos especies de hormigas (unas 14.000), pero si hablamos de individuos, son ellas las que dominan el mundo con entre 10 y 100.000 billones de especímenes en todo el mundo. Es muy posible que, en su conjunto, las hormigas superen en peso a la raza humana.

Por supuesto, en el planeta hay cantidades ingentes de seres vivos demasiado pequeños como para que podamos verlos sin un microscopio. Los más pequeños, primitivos y numerosos son las bacterias y las arqueas, conocidas colectivamente como procariotas. El número de bacterias que viven en tu intestino grueso es impresionante: unos 40 billones, billón arriba, billón abajo. Los microorganismos representan entre el 1 y el 3 % de nuestro peso corporal total. Dicho de otro modo, si pesas 70 kilos, por ejemplo, llevas encima entre uno y dos kilos de bacterias. ¡De nada!

Se estima que en la Tierra hay unos 2 billones de trillones, o, lo que es lo mismo, 2×10^{30}. Lo único que supera su biomasa son las plantas.

Incluso si todas las formas de vida superiores desaparecieran por culpa de un cataclismo natural, como el impacto de un asteroide enorme
o la estupidez humana, las bacterias seguirían existiendo, igual que
otras formas de vida resistentes, como los tardígrados y las cucarachas.

Mientras que, por ahora, los humanos, las ratas y otras especies que
saben adaptarse siguen prosperando, muchos animales están en peligro de extinción. Solo quedan unos 75 rinocerontes de Java en todo el
mundo, y todos ellos se encuentran confinados en el Parque Nacional
de Ujung Kulon, un lugar clasificado como Patrimonio de la Humanidad. Del oso del Gobi, una subespecie de oso pardo que solo se encuentra en el desierto de Gobi, en Mongolia, solo quedan 51 ejempla-
res. El saola, también conocido como «unicornio asiático», un bovino
que habita los bosques de una pequeña región de Vietnam y Laos, se
descubrió hace muy poco, en 1993, y puede que tan solo queden unos
20 de ellos en libertad. A pesar de los repetidos intentos de criarlos en
cautividad, todos han terminado falleciendo en cuestión de semanas o
meses.

El ritmo al que se extinguen los animales y las plantas está aumentando. El último avistamiento de muchos de ellos ha ocurrido en el
pasado reciente: la rata anfibia de Etiopía (1927), el rinoceronte de
Sumatra (después de 1960) y el baiji, un delfín de agua dulce que solía
vivir en el río Yangtsé (2002). Varios cientos de especies se han extin-
guido en la última década, y las pérdidas se están acelerando. Estamos
en el inicio de la sexta extinción masiva que ha experimentado el mundo, y es la primera en ser provocada por la actividad humana.

Existe la esperanza de poder revivir algunas especies —un proceso al que a veces se conoce como «desextinción»— a través de técnicas como la clonación o la cría selectiva. Sin embargo, no queda claro
si es una buena idea. Reintroducir una especie extinta podría, por
ejemplo, tener un efecto negativo en las especies vigentes y sus ecosistemas. Parece que lo único que podría evitar la catastrófica pérdida de
biodiversidad es un cambio drástico en la relación entre el *Homo sapiens* y la biosfera de la que dependemos.

Descensos

En el libro de Julio Verne *Viaje al centro de la Tierra*, Otto Lidenbrock, un excéntrico científico alemán, su sobrino Axel y su guía islandés Hans descienden por el cráter del volcán Snæfellsjökull. Ya
muy abajo encuentran un océano y criaturas que siguen vivas desde la
época de los dinosaurios. Pues bien, resulta que la realidad no se queda corta, ya que se ha detectado un gigantesco depósito subterráneo
natural a unas profundidades increíbles. En él se han hallado formas
de vida que nunca llegan a ver la luz del día. Y los humanos hemos ido
ideando maneras de adentrarnos cada vez más en el interior de nuestro planeta.

Las cuevas naturales nos han servido como refugio y morada desde los inicios de nuestra especie y, en las épocas pasadas, eran fuente
de mitos y rumores. La cueva de Alepotrypa, en la península del Pelo-
poneso, es uno de los varios lugares griegos que se relacionan con el
reino subterráneo de Hades. Puede que ya nadie crea en la existencia
de un reino bajo tierra en el que viven las almas perdidas, pero, en
lugares tan alejados de la superficie, las condiciones bien pueden con-
siderarse infernales en el sentido físico de la expresión.

Los humanos llevamos milenios explorando las cuevas, pero la
rama de la ciencia que se ocupa de ellas —la espeleología— nació hace
menos de doscientos años. En la primera mitad del siglo XIX, nuestro
conocimiento del karst —la topografía esculpida por el efecto del
agua de lluvia sobre la piedra caliza y otras rocas solubles— creció
exponencialmente gracias a la exploración de las cuevas de Postojna,
en Eslovenia. Cerca de Trieste, el Abisso di Tebiciano se exploró en

1840 hasta una profundidad de 320 metros por debajo de su entrada, y durante los sesenta años siguientes fue la cueva conocida más profunda del mundo.

Hoy, el récord de profundidad, con 2.212 metros, pertenece a la cueva Veryovkina en la región de Abjasia, en Georgia.[1] Un grupo de espeleólogos soviéticos descubrió la entrada a 2.285 metros sobre el nivel del mar en los montes de Gagra, en el Cáucaso occidental. Las cuatro cuevas más profundas conocidas hasta la fecha están en esa misma zona.

El karst cubre hasta una cuarta parte de la superficie terrestre, y gran parte se encuentra plagado de pasajes que han surgido gracias al agua ligeramente ácida que ha ido erosionando la roca. Puede que haya decenas de miles de cuevas esperando a ser descubiertas, y es casi seguro que algunas de ellas se adentrarán aún más en la Tierra que la Veryovkina. Es posible que el único límite lo marque la profundidad a la que el agua subterránea puede llegar a través de la roca caliza antes de que la presión aumente hasta impedir que fluya.

Pero estos límites no afectan a las cuevas artificiales. Las veinte minas más profundas jamás excavadas superan la profundidad de la Veryovkina. Entre las primeras posiciones encontramos media decena de minas de oro sudafricanas, con la mina de Mponeng en la provincia de Gauteng a la cabeza. La excursión, hecha en etapas, desde la superficie hasta el punto más profundo, a 4 kilómetros de profundidad —la altura del Empire State Building multiplicada por diez—, dura más de una hora. La temperatura de la roca en el punto de mayor profundidad alcanza unos insoportables 66 °C, y para enfriar el aire del túnel hasta unos tolerables 30 °C se utiliza una bomba para introducir una mezcla espesa de hielo y sal en la cueva.

Puede parecer que el calor y la tremenda presión de la roca supondrían un obstáculo insalvable para la proliferación de vida. Pero, en 2008, un grupo de investigadores halló especímenes de la bacteria *Desulforudis audaxviator* en las aguas subterráneas cercanas a la base de la mina de Mponeng. El nombre de dicho microbio procede de una cita de *Viaje al centro de la Tierra* en la que el profesor Lidenbrock encuentra una inscripción secreta en latín: «*Descende, audax viator, et terrestre centrum attinges*» [Desciende, audaz viajero, y llegarás al centro de la Tierra].

¿Y qué hay de los lugares que son profundos pero no están bajo tierra? El punto más bajo en tierra firme es la orilla del mar Muerto, a 433 metros por debajo del nivel del mar, pero gran parte del terreno que se encuentra debajo de una gruesa capa de hielo en la Antártida lo supera sin problemas. Bajo el glaciar Denman, el lecho de roca empieza a una profundidad de 3.500 metros por debajo del nivel del mar, no mucho menos que la distancia hasta el fondo de la mina de Mponeng. Para encontrar el punto más profundo en la superficie terrestre, debemos acudir al abismo de Challenger, a 11.034 metros por debajo del nivel del mar, en la fosa de las Marianas. Solo veintisiete humanos se han adentrado en este extraordinario lugar, entre ellos Jacques Piccard y el teniente de la Marina de los Estados Unidos Don Walsh en 1960, a bordo del batiscafo *Trieste*; el director de cine James Cameron en 2012 a bordo del *Deepsea Challenger*; y Victor Vescovo, Patrick Lahey y Jonathan Struwe, a bordo del *DSV Limiting Factor* en 2019.

Podrías pensar que el abismo de Challenger es lo más cerca que hemos llegado los humanos al centro de la Tierra, pero eso implicaría ignorar el hecho de que nuestro planeta no es una esfera perfecta. En realidad, el lugar más cercano al centro está en el fondo del abismo Litke, en la costa de Groenlandia, en el océano Ártico. Se encuentra a tan solo 6.351,7 kilómetros del centro de la Tierra, 14,7 kilómetros más cerca que el abismo de Challenger.

Afortunadamente, no tenemos que bajar en persona a unas profundidades cada vez mayores para ampliar nuestro conocimiento sobre la composición interna del planeta. Las ondas sísmicas —ondas de choque producidas por terremotos y explosiones— viajan por la Tierra y por su superficie, actuando como una versión geológica de los rayos X. Han revelado su infraestructura por capas, con una corteza rocosa y sólida que recubre un manto semisólido mucho más grueso que consta de regiones superiores e inferiores y que, a su vez, recubre el núcleo, que de nuevo se divide en partes exteriores e interiores.

El grosor de la corteza varía de los 30 a los 50 kilómetros bajo los continentes y entre unos escasos 5 a 10 kilómetros bajo los océanos. Entre la corteza y el manto hay una acusada zona de transición llamada discontinuidad de Mohorovičić (o «Moho»). La litosfera, que es como se conoce al conjunto de la corteza y la parte superior del manto, está compuesta principalmente por roca sólida, pero en los límites entre las placas tectónicas el material del manto es más fluido, lo que permite que los continentes se muevan y se deslicen los unos en relación con los otros.

A los científicos les encantaría disponer de un poco del material del manto fresco para estudiarlo, especialmente de las rocas que hay a cada lado de la discontinuidad de Mohorovičić. Pero para eso primero hace falta penetrar la corteza hasta unas profundidades a las que no llega ninguna cueva o mina. La única manera factible de obtener muestras del manto es hacer un agujero en línea recta hasta atravesar el límite que separa a la corteza del manto.

El primer intento de agujerear el manto fue el Proyecto Mohole que llevaron a cabo dos científicos de Estados Unidos en los años sesenta.[2] Se rumoreaba que la Unión Soviética se estaba planteando emprender un proyecto parecido, de modo que la prensa no tardó en presentar el Mohole como la aportación estadounidense a la versión terrestre de la carrera espacial. El primer paso consistió en llevar un petrolero reconvertido, el *CUSS I*, a un lugar cercano a la isla de Guadalupe en la costa de México. El barco lograba mantener su posición de forma precisa gracias a una técnica novedosa mediante la cual cuatro motores fueraborda colocaban el barco dentro de los amarres que lo rodeaban, para lo cual usaban técnicas acústicas y controlaban los motores con una palanca de mando central.

Taladrar un agujero en el lecho del mar tenía sentido porque, como decíamos, la corteza oceánica es varias veces más fina que la corteza continental. Por otro lado, el equipo de investigación tenía que ingeniárselas para bajar unos trozos largos de tuberías que recibían los golpes constantes de las fuertes corrientes oceánicas para poder bajar por ellas la perforadora antes de poder empezar siquiera a agujerear la corteza. También estaba el problema de cómo iban a subir las muestras nucleares de roca y barro desde tales profundidades en unos cilindros intactos.

Los científicos del Proyecto Mohole optaron por adoptar un enfoque cauto que consistía en taladrar pequeños agujeros en la corteza para asegurarse de que la tecnología funcionaba. Hicieron cinco, el más profundo de 183 metros por debajo del fondo marino, a 3.600 metros bajo el agua. Las muestras resultaron valiosas, ya que confirmaron que las propiedades de los sedimentos y de las rocas que habían obtenido coincidían con los hallazgos de estudios sísmicos anteriores. La primera fase de la perforación fue considerada un gran éxito, tanto por parte de la comunidad científica como por la industria petrolera. Pero entonces ocurrió una desgracia. Las distintas instituciones académicas implicadas en el programa no lograban ponerse de acuerdo sobre cuáles debían ser los siguientes pasos, empezaron a criticarse los costes del proyecto y, como siempre, hubo rencillas políticas. Al final, el Congreso rechazó seguir financiándolo y el Proyecto Mohole murió, pero no sin antes demostrar que se disponía de los medios necesarios para llegar hasta el manto terrestre.

En 1970, la Unión Soviética puso en marcha su propio intento de perforar la corteza en la península de Kola, cerca de la frontera rusa con Noruega.[3] Casi dos décadas más tarde, el proyecto Kola Superdeep Borehole alcanzó una profundidad de 12.282 metros. Actualmente, es el punto artificial más profundo del planeta, aunque debido a que el proyecto se llevó en tierra, solo llega a perforar un tercio de la corteza continental, a la cual se le estima un grosor de unos 35 kilómetros en la zona de la perforación. No consiguieron seguir avanzando por culpa de averías en los equipos y a causa de que la roca se encontraba a 180 °C, una temperatura mucho mayor de la esperada, lo que hacía que se comportase como si fuese plástico y que resultase casi imposible perforarla.

La misión de atravesar la corteza y obtener un pedazo inmaculado del manto continúa. Y el premio no es poca cosa, ya que el manto representa cerca del 68 % de la masa del planeta y un impresionante 85 % de su volumen. Analizar su composición, inalterada y sin la presencia de la roca de la corteza y otros contaminantes, ayudaría a los científicos a saber más sobre las materias primas de las que creció la Tierra en los albores del sistema solar.

Entre los años 2002 y 2011, cuatro agujeros de una excavación en el este del Pacífico lograron llegar a una roca quebradiza y de grano fino que los geólogos creen que se trata del magma enfriado que se encuentra justo encima de la discontinuidad de Mohorovičić. Pero la perforadora no consiguió agujerear esas tozudas últimas capas. En 2013, un equipo de perforación situado en el cercano abismo Hess también se vio obstaculizado por las duras rocas de las profundidades de la corteza. Y a más recientemente, en 2019, el barco japonés *Chikyū* perforó hasta una profundidad récord de 3.250 metros por debajo del lecho marino.

Todavía no hemos logrado seguir los pasos de la expedición de Lidenbrock, pero, como en la historia de Verne, los volcanes nos han dado acceso a algunos de los secretos que guardan las entrañas de la Tierra. Cada vez que entran en erupción, sacan a la superficie materiales procedentes del manto mezclados con rocas de la corteza dentro de las cámaras magmáticas. Quizá en la próxima década los científicos cuenten con muestras puras del manto que poder examinar en el laboratorio.

Cosas de la edad

Los humanos modernos surgieron en África hace unos 300.000 años, es decir, en el último 0,002 % de la edad del universo. Los primeros asentamientos se remontan al año 10000 a. e. c. y las primeras civilizaciones no aparecieron hasta el 4000 a. e. c. En la época de las comunicaciones instantáneas y de internet en la que vivimos, cuesta imaginar que no existan registros escritos que vayan más allá de los últimos 6.000 años.

Antes de contar con un lenguaje escrito o incluso verbal complejo, nuestros antepasados ya fabricaban objetos, a menudo con mucha destreza, para varios propósitos, entre ellos, el arte y la música. La Venus de Hohle Fels es una figura tallada en el marfil de un mamut lanudo que se halló en una de las cuevas de Hohle Fels, en Schelklingen, Alemania, en 2008. Con una antigüedad estimada de entre 35.000 y 40.000 años, se trata de una figura femenina cuya anatomía aparece muy exagerada y que podría haber servido como símbolo de fertilidad. Es la representación de la forma humana más antigua jamás encontrada. De una edad parecida es el Hombre león de Hohlenstein-Stadel, tallado también en marfil y que, a pesar de tener un aspecto en general antropomórfico, tiene por cabeza la de un león de las cavernas europeo.

Las raíces de la música se remontan a mucho antes de que viviéramos en ciudades y aldeas. En la cueva de Geissenklösterle, en el sur de Alemania, se encontraron unas flautas hechas a partir de huesos de ave y marfil de mamut hace al menos 42.000 años. Por la posición de los agujeros resulta evidente que eran capaces de tocar distintas melodías, y podrían haber sido utilizadas en rituales religiosos o, sencillamente, para entretenerse. Todavía más antigua es la flauta neandertal, encontrada en la cueva de Divje Babe, en Eslovenia, tallada a partir del hueso de un oso de las cavernas hace 50.000 años.[1] Lo más asombroso de todo es que sus agujeros para cuatro dedos le permiten producir notas que suenan exactamente igual que las de la escala diatónica que se usa en la música actual.

El arte también prosperó hace decenas de milenios. En la cueva de Blombos, en el Cabo Occidental, en Sudáfrica, se encontraron dos conchas de abalón que contenían trazas de una mezcla que parecía pintura roja. Cerca de allí, los investigadores encontraron ocre (arcilla coloreada), hueso, carbón, martillos de piedra y piedras de afilar, todo lo cual se cree que fueron usados por nuestros antepasados paleolíticos para fabricar pintura. La pintura más antigua jamás hallada, en la cueva de Leang Tedongnge, en un valle remoto de Indonesia, es un retrato a tamaño natural de un jabalí hecho con un pigmento ocre rojo oscuro. No obstante, por encima de algunas partes del pigmento se ha depositado calcita cuya antigüedad se ha fechado en hace 45.000 años, lo que significa que la pintura tiene al menos esos mismos años, y probablemente muchos más.

La mayoría de los artefactos creados por los homínidos son herramientas de piedra que se utilizaban para cortar, talar y arañar. Las herramientas de piedra de Lomekwi, en el oeste del Condado de Turkana (antes conocido como Lago Rudolf), en Kenia, son las más antiguas que se han encontrado. Se fabricaron hace unos 3,3 millones de años a manos de una especie que vivió en la sabana africana antes de que existiese ningún miembro de nuestro propio género, el *Homo*.

Si representásemos toda la historia de la Tierra desde que se formó hace algo más de 4.500 millones de años como un año, nuestros primeros antepasados homínidos se desviaron por primera vez de la línea que dio paso a los simios modernos hace unas 14,5 horas, y los humanos de anatomía moderna han aparecido en la última media hora. Somos los nuevos en un mundo que es antiguo y en un universo que es tres veces más viejo aún.

Los minerales más antiguos de la Tierra de los que tenemos constancia son unos cristales de circón que se encontraron en las rocas de la región de Jack Hills, en el oeste de Australia.[2] Se formaron hace

4.400 millones de años, poco después de que la superficie del planeta solidificase su estado fundido inicial. No obstante, hay materiales todavía más antiguos que se han hallado en la Tierra pero proceden de otros lugares.

Hace poco, mientras gestionaba una exposición en el Dundee Science Centre, se me acercó un hombre que vive en Winchcombe, Gloucestershire. En la noche del 28 de febrero de 2021, este pintoresco pueblo del límite de la comarca de los Cotswolds se convirtió en el centro de una noticia ya no solo de interés nacional, sino internacional. Se había visto caer un meteorito cerca de Winchcombe. Se había hecho pedazos, y uno de ellos terminó en la entrada de la casa de Ron Wilcock, donde formó un pequeño cráter. Aquel visitante del Science Centre era vecino de los Wilcock y colaboraba como voluntario en el museo de su pueblo, donde ahora residen tres trocitos del meteorito. No es en absoluto habitual que haya testigos de la caída de un meteorito, y este en concreto resultó ser de un tipo poco frecuente llamado condrita carbonácea. Los análisis practicados revelaron que se había formado hacía unos 4.600 millones de años a partir de la materia primordial que daba vueltas alrededor de un Sol que todavía estaba en su infancia, en un momento en que los propios planetas aún se estaban formando a partir de la nebulosa protosolar.

Hay muchas estrellas y planetas que existieron mucho antes de que nuestro sistema solar tomase forma. Cuando el universo aún era nuevo, todo lo que había en él estaba hecho casi íntegramente de dos elementos: los dos más ligeros, el hidrógeno y el helio. Esa es la razón por la que cualquier estrella que haya sobrevivido hasta hoy desde un tiempo tan lejano debería ser «pobre en metales». En astronomía, a cualquier elemento más pesado que el hidrógeno y el helio se lo llama «metal», aunque en esta categoría se incluyan también elementos como el carbono y el oxígeno, los cuales no son metales en el sentido habitual.

A unos 190 años luz de distancia, en la constelación de Ofiuco, se encuentra la HD 140283, conocida popularmente como la estrella de Matusalén. Un estudio de 2013 apuntaba a que podría tener unos 14.500 millones de años de antigüedad, con un margen de error de 800 millones de años. El problema que esto nos plantea es que se cree que el propio universo surgió hace unos 13.800 millones de años;

¿cómo puede una estrella ser más antigua que el universo? Un estudio teórico más reciente de modelado de estrellas ha revisado la edad de Matusalén y la sitúa en no más de 13.700 millones de años, todavía antiquísima, pero al menos ya no es motivo de bochorno para la astrofísica.[3]

Se cree que la HD 140283 y otras igual de pobres en metales como ella son estrellas de segunda generación. Las primeras estrellas del universo, compuestas exclusivamente de hidrógeno y helio, debieron de ser muy grandes y masivas y de moverse a grandes velocidades a lo largo de sus cortas vidas antes de explotar en forma de supernovas. Entre los restos de estas primeras explosiones habría habido una pizca de elementos más pesados, formados en el interior de las primeras estrellas antes de su autodestrucción, lo cual explica por qué las estrellas de segunda generación, como la de Matusalén, contienen pequeñas cantidades de «metales». Una de las esperanzas que se tienen depositadas en el telescopio espacial James Webb, lanzado al espacio en diciembre de 2021, es que permita a los astrónomos vislumbrar las primeras estrellas que brillaron tras el amanecer de los tiempos.

Cuando se trata de edad, no hay nada más viejo que el evento que dio lugar al universo, el Big Bang. Las temperaturas que se alcanzaron uno o dos segundos después de aquella erupción primordial fueron inconcebiblemente elevadas, como también lo fue la energía de la radiación que emanaba de él. Pero el universo ya tiene 13.800 millones de años, y los vestigios de aquella bola de fuego de tiempos remotos se han ido enfriando a lo largo de eones de expansión cósmica. Otra forma de pensar en ello es que la expansión del espacio-tiempo, desde el momento de su creación y hasta el presente, ha aumentado enormemente la longitud de onda de la radiación que surgió del Big Bang.

Hoy, el brillo del génesis que nos llega en todas direcciones desde el cielo ha entrado en la región del espectro ocupada por las microondas, con una temperatura de apenas 2,7° por encima del cero absoluto. Se trata del fondo cósmico de microondas, descubierto en los años sesenta; es el fenómeno más antiguo que hemos descubierto y que quizá descubramos jamás.

Pequeñitos

Si eres una musaraña etrusca, la vida está plagada de peligros. Ser el mamífero más pequeño que existe —de 4 centímetros de longitud y del peso de la carta de una baraja— te convierte en una presa fácil. Pero el problema principal al que se enfrentan estos insectívoros diminutos es la extraordinaria velocidad de su metabolismo, ya que los obliga a ingerir hasta ocho veces su peso corporal todos los días. No pueden hibernar porque se morirían de hambre, así que utilizan un truco fantástico para reducir su uso energético durante el invierno: se encogen el cerebro. Pierden más de una cuarta parte de las neuronas de la región sensorial del cerebro que se encarga de procesar la información que reciben de los bigotes para volver a generarlas de nuevo cuando llega la primavera.[1]

El pájaro más pequeño del mundo, el colibrí zunzuncito, originario de Cuba, también vive la vida a máxima velocidad. Igualmente conocido como pájaro mosca, a veces se lo confunde con un insecto, pues bate las alas 80 veces por segundo, aunque los machos pueden llegar a las 200 por segundo durante el vuelo de cortejo. Los colibríes zunzuncito pesan menos de 2 gramos y la hembra pone huevos del tamaño de un grano de arroz en un nido que no mide más que una moneda de 25 centavos de dólar.

Entre los vertebrados —los animales con columna vertebral—, el más pequeño de todos es una rana del tamaño de una mosca. La *Paedophryne amauensis* no llega a superar los 8 mm de longitud, y no se descubrió hasta 2009 en una expedición en Papúa Nueva Guinea.

Rozando el límite de lo que podemos ver a simple vista se encuentra la avispa parasitoide *Dicopomorpha echmepterygis*, la cual pertenece a una familia de insectos diminutos. Los machos son ciegos, no tienen alas y miden una pequeñísima octava parte de un milímetro de longitud. Para ver algo más pequeño ya nos haría falta algún tipo de ayuda artificial.

La primera persona de la que se sabe que utilizó un tipo de lente de aumento fue el fraile y académico inglés Roger Bacon en 1268. Utilizaba unas esferas de cristal para crear imágenes ampliadas, aunque distorsionadas, de aquello que se encontraba en el límite de la visión humana. La idea de usar combinaciones de lentes para amplificar todavía más las imágenes fue descrita por Girolamo Fracastoro de Verona en su libro *Homocentricorum sive de Stellis* de 1535. Entonces, hacia el final del siglo XVI, empezaron a aparecer los primeros microscopios compuestos, con lo que se abrió la puerta a investigar el mundo microscópico. La obra *Micrographia* (1665), de Robert Hooke, contenía unas ilustraciones maravillosas y exquisitamente dibujadas de insectos y plantas según se veían a través de este nuevo instrumento óptico. Hooke es conocido por ser el primero en describir con detalle el ojo de una mosca y la «célula» de una planta, un término que él mismo acuñó por el parecido de lo que veía con las celdas de un panal de abejas.

Unos diez años después de que apareciesen las reveladoras imágenes de Hooke, el microscopista neerlandés Antonie van Leeuwenhoek escribió su famosa «carta de los protozoos» en la que anunciaba su descubrimiento de las bacterias y de las protistas, o, en otras palabras, organismos unicelulares que no son plantas, animales, bacterias ni hongos. Lo hizo muchos años antes de que cualquier otro lograse igualar la resolución y la claridad de sus instrumentos, de forma que al principio sus hallazgos se pusieron en duda e incluso se desestimaron.

En la actualidad se han identificado más de 30.000 especies de bacterias, y las más pequeñas de ellas miden apenas unos cientos nanómetros (milmillonésimas de un metro). Los virus son aún mucho más diminutos —algunos no superan los 20 nanómetros—, aunque no se consideran organismos vivos independientes.

Si seguimos bajando hacia lo más pequeño y nos adentramos en el reino de lo que solo los microscopios electrónicos son capaces de detectar, llegamos a las macromoléculas, como el ADN y las proteínas, y

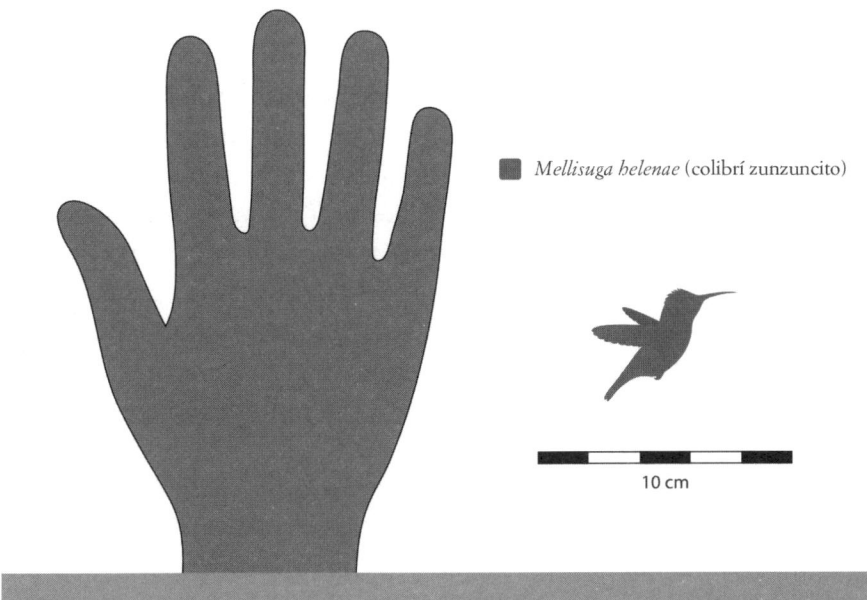

Mellisuga helenae (colibrí zunzuncito)

10 cm

Comparación del tamaño de una mano y de un colibrí zunzuncito,
el *Mellisuga helenae*.

luego a las moléculas más pequeñas. Finalmente, estarían los átomos. Los microscopios más potentes del mundo son capaces de detectar átomos individuales, cada uno de los cuales mide entre una y cinco décimas de un nanómetro (0,1-0,5 nm).

En el interior de todo átomo hay un núcleo, que es donde reside casi toda su masa atómica en forma de protones y neutrones. Por muy diminuto que sea un átomo, el diámetro de su núcleo mide 10.000 veces menos. Si el núcleo fuese del tamaño de un arándano, el átomo sería más o menos como un estadio de fútbol.

Los protones son inconcebiblemente pequeños, con un tamaño de apenas 1,7 femtómetros. Un femtómetro equivale a una milbillonésima parte de un metro (10^{-15}). Hasta 1964 se había creído que los protones y los neutrones eran elementales, es decir, imposibles de dividir en algo más pequeño, como los electrones. Pero ahora sabemos que cada uno de ellos contiene tres partículas llamadas quarks.

Según la mejor teoría que tenemos para explicar el mundo subatómico, conocida como modelo estándar, los quarks, los electrones y otras partículas verdaderamente elementales ocupan meros puntos en el espacio. En la práctica, no podemos medir algo que carezca de extensión. Lo máximo que podemos hacer es colisionar otras partículas con los protones para tratar de sonsacarles información sobre sus partes constituyentes. Los experimentos que se llevaron a cabo con el colisionador HERA en Alemania —el que en la práctica fue el microscopio electrónico más potente del mundo hasta su clausura— establecieron un nuevo límite máximo para el diámetro de un quark. Mide, como mucho, media milésima del tamaño de un protón. A su vez, el protón es unas 60.000 veces más pequeño que un átomo de hidrógeno, el cual mide 40 veces menos que el diámetro de una hélice de ADN, la cual mide más o menos una millonésima parte de un grano de sal.

Los quarks, los electrones y otras partículas elementales son puntos adimensionales en el modelo estándar. Pero sabemos que el modelo estándar no puede llegar a ser completo, porque deja sin responder una serie de preguntas sobre el universo de vital importancia. ¿Qué lugar ocupa la gravedad en la organización cuántica? ¿Por qué hay tanta materia y tan poca antimateria hoy en día? ¿Y qué diantres son la materia oscura y la energía oscura?

Aún queda mucha física por descubrir, y cuando lo hagamos quizá resulte que los quarks y los electrones presentan un tamaño diminuto pero superior a cero, y que en la naturaleza hay componentes todavía más diminutos. Hay teorías, como la de la supersimetría o la de cuerdas, que van más allá del modelo estándar y predicen que tanto los quarks como los electrones tienen tamaños finitos. En el llamado modelo de preones de Harari-Shupe, todos los quarks están compuestos de tres unidades aún más pequeñas llamadas preones. En la teoría de cuerdas, los constituyentes fundamentales de la materia no son partículas de cero dimensiones, sino cuerdas vibratorias unidimensionales. ¿Cuánto mide un trozo de cuerda?* Según esta teoría, la cuerda media, de existir, mide unos 10^{-35} metros. Estamos hablando de una cienmilésima de la billonésima de la

---

* La expresión coloquial inglesa *How long is a piece of string?* se utiliza para responder de forma humorística y abstracta a una pregunta que no admite respuesta porque no le corresponde una medida de tiempo, tamaño o cantidad, etcétera, conocida o finita. (*N. de la T.*).

trillonésima parte de un metro. Si ampliásemos un átomo hasta el tamaño del sistema solar, una cuerda no llegaría a ser más grande que un árbol.

En el increíble mundo liliputiense de la teoría de cuerdas, estas viajan a través del espacio e interactúan entre ellas. También vibran, como diminutas cuerdas de violín. Para nosotros, vista desde el macrocosmos, una cuerda sería como una partícula corriente cuya masa, carga y otras propiedades vienen determinadas por el estado vibracional de la cuerda. Se da por hecho que la longitud de cada cuerda —de unos 10^{-35} metros— equivale más o menos a la longitud más corta que tiene algún efecto en física. Se conoce como longitud de Planck y es la distancia a la que los efectos de la gravedad a escala cuántica empiezan a ser significativos. De hecho, uno de los modos de vibración de una cuerda corresponde al gravitón, que es la partícula hipotética que transmite la fuerza gravitatoria.[2]

Los científicos saben que, con el tiempo, tendrán que incluir la gravedad en el terreno de la mecánica cuántica, si es que queremos tener una comprensión completa del universo a su escala más diminuta. La teoría de cuerdas es un enfoque, pero no deja de ser uno entre muchos. Por ahora, los físicos de partículas siguen llevando a cabo su trabajo experimental y teórico en busca de esquemas que vayan más allá del modelo estándar y que den lugar a una comprensión más profunda del mundo en su nivel más fundamental.

Cuestión de sensibilidades

Se considera que nuestra vista es normal si es 20/20, es decir, si podemos ver a 20 pies lo que una persona media consigue ver a tal distancia. Algunas personas tienen una visión aún más agudizada. El límite de la agudeza visual humana suele establecerse en 20/10, aproximadamente. Si tu visión es así de buena, alcanzarás a ver detalles a 20 pies que otra persona no podrá ver a más de 10 pies de distancia. Pero si nos fijamos en el resto del reino animal, encontramos visiones todavía mejores.

Las aves de presa —las águilas y los halcones— ven mejor que nadie, con una agudeza de 50/5 o 20/4 que les permite detectar presas pequeñas, como conejos y ardillas, a una distancia de 3 o más kilómetros. Si nuestra visión fuese así de buena, veríamos a una hormiga avanzar por la acera desde lo alto de un edificio de diez pisos. Pero su visión es mejor que la nuestra también en otros sentidos, y es que las águilas ven más allá del extremo violeta del espectro, entrando casi en la franja ultravioleta, también conocida como luz UVA o luz negra. Esta habilidad hace que puedan ver los rastros de orina que han dejado los pequeños roedores que pueden andar cerca.[1]

Los ojos de las águilas son casi del mismo tamaño que los nuestros, a pesar de que tienen la cabeza mucho más pequeña. Los tienen fijos en las cuencas y tienen dos puntos focales —uno hacia delante y otro en el lateral, a un ángulo de 45°— que les permiten mirar hacia delante y hacia un lado al mismo tiempo. Asimismo, los tienen colocados en ángulo sobre el cráneo, lo que les ofrece una visión periférica mucho mejor que la que tenemos los humanos.

Si hablamos de ver bien por la noche, tendemos a pensar en los gatos y los búhos como campeones. Nuestros ojos funcionan hasta llegar hasta 1 lux (la unidad que mide la cantidad de luz por metro cuadrado). Los gatos domésticos ven cuando hay 0,125 lux, y los búhos ven a una intensidad lumínica diez veces inferior. Pero, en la competición de la visión nocturna, algunos insectos ganan sin ningún tipo de miramiento a todos los mamíferos y a todas las aves. Los ojos de los escarabajos peloteros tienen una sensibilidad de hasta una diezmilésima de 1 lux, mientras que a una especie de abeja carpintera, la *Xylocopa tranquebarica*, le basta con 0,000063 lux, y puede volar, buscar alimento e incluso ver en color en las noches sin luna.

La más impresionante de todas es la visión de la criatura nocturna que más rechazo suele generar: la cucaracha. Un equipo de investigadores de la Universidad de Oulu, en Finlandia, se propuso descubrir hasta qué punto consiguen ver bien en la oscuridad estos insectos, y dieron con un hallazgo asombroso. Las cucarachas tienen la capacidad de recoger y almacenar fotones, o partículas de luz, a lo largo de cierto período de tiempo y generar lo que en esencia viene a ser una fotografía de larga exposición en sus cabezas. Lo que para nosotros y la mayoría de los demás animales está totalmente a oscuras, la increíble cucaracha es capaz de convertirlo en una imagen coherente.

En cuanto a complejidad, nada supera a los ojos de la mantis marina. Colocados sobre unos tallos móviles e independientes, cada ojo cuenta con tres pupilas (y, por lo tanto, con su propia percepción de profundidad) y con entre doce y dieciséis pigmentos distintos para la visión en color, en comparación con los tres que tenemos nosotros (rojo, verde y azul). La mantis marina también ve en la luz ultravioleta y es el único animal conocido capaz de detectar la luz de polarización circular.

En el primer capítulo hemos hablado de los sonidos graves que algunos animales alcanzan a oír, pero ¿qué hay en el otro extremo de la escala? Los límites del oído humano oscilan entre los 20 hercios (Hz), o ciclos por segundo, hasta los 20.000 Hz. Todo sonido que esté por encima y por debajo se considera infrasónico y ultrasónico, respectivamente. En el rango ultrasónico, ningún animal es capaz de oír un sonido más agudo ni en un rango más amplio que la polilla de la cera.[2] Es capaz de detectar frecuencias de hasta 300.000 Hz, y de ello depende su supervivencia. Esta polilla es presa de los murciélagos, quienes localizan a sus víctimas con su sónar de alta frecuencia. De ahí que la evolución haya dotado a la polilla con la capacidad de oír el eco del murciélago y, así, llevarle siempre cierta ventaja en la batalla por la supervivencia. La polilla puede detectar todos y cada uno de los sonidos emitidos por el murciélago. Es más, su oído es tan preciso que es capaz de distinguir entre las llamadas de ecolocalización del murciélago y las igualmente agudas llamadas de apareamiento que emiten otras polillas de la cera.

En cuanto a los sonidos más quedos —de los que hemos hablado en el capítulo 4—, nuestro oído llega hasta aproximadamente los 0 decibelios (dB). Solo podemos imaginar cómo sería tener el fino oído de los lobos, los gatos o algunas razas de perro. Son capaces de detectar sonidos de hasta −15 decibelios, el más mínimo de los ruidos que puede hacer una de sus presas a muchos metros de distancia. Los caninos y los felinos están entre los animales que tienen la capacidad de rotar las orejas para capturar mejor y ubicar sonidos silenciosos. Hay algunas especies de murciélago cuyo oído es tan sensible que pueden detectar las pisadas de los insectos que caminan cerca de ellos.

La vista y el oído dominan nuestro mundo sensorial. Si tuviésemos que dejar que el olfato nos guiase, nos perderíamos. Y es que el sentido del olfato de los humanos es muy débil comparado con el de muchas otras especies. Los perros son conocidos por su talento cuando se trata de detectar y distinguir entre una gran variedad de olores. Su sentido del olfato está entre 10.000 y 100.000 veces más desarrollado que el nuestro, lo que hace que su ayuda a la hora de buscar a personas desaparecidas o detectar sustancias ilegales en los aeropuertos sea tan inestimable. No debería extrañarnos que nuestros amigos caninos nos superen en potencia nasal: tienen hasta 300 millones de receptores olfativos en la nariz, comparados con nuestros 6 millones, y las partes de su cerebro dedicadas a procesar olores —los bulbos olfativos— ocupan unas cuarenta veces más espacio que en nuestro caso.

Las narices de los perros también funcionan de forma distinta de las nuestras. Cuando inhalamos, olemos y respiramos usando las mismas vías respiratorias dentro de la nariz. Cuando lo hacen los perros, un pliegue de tejido que tienen en el interior de la nariz los ayuda a separar ambas funciones. Cuando exhalamos por la nariz, el aire usado sale por el mismo lugar por el que ha entrado, lo cual impide que entren otros olores. Cuando lo hacen los perros, el aire usado sale por unas ranuras que tienen en los laterales de la nariz. La forma en que el aire exhalado sale arremolinándose ayuda a atraer nuevos olores hacia la nariz del animal. Además, también hace que puedan olfatear de una manera más o menos constante.

Si nos dejamos guiar por la longitud de la nariz, no debería sorprendernos que el animal terrestre que posee el mejor sentido del olfato de todos sea el elefante. Otro modo de medir la potencia olfativa es tener en cuenta la cantidad de genes que se dedican a la detección de los olores. El elefante tiene unos 2.000 genes receptores olfativos, el doble que el perro y cinco veces más que los que tenemos nosotros. Un elefante es capaz de distinguir, basándose únicamente en el olfato, entre dos grupos étnicos originarios de Kenia: los masáis, quienes a veces cazan a los elefantes con jabalinas, y los kamba, quienes rara vez suponen una amenaza.

El sentido del olfato del tiburón es legendario y, como suele ocurrir con las leyendas, suele exagerarse. Un tiburón no puede oler sangre a un kilómetro y medio de distancia, ni detectar una gota de sangre en una piscina olímpica. En todo caso, los tiburones —a diferencia del voraz monstruo de *Tiburón*— no muestran especial interés por los humanos como presa. Pero es cierto que algunos sí poseen un sentido del olfato muy desarrollado, y no es de extrañar, puesto que dedican casi una cuarta parte de su cerebro a procesar olores.

El sentido del gusto está muy relacionado con el del olfato. Entre los *sommeliers* más destacados de la naturaleza encontramos a los bagres o peces gato. Mientras que nosotros solemos tener unas 5.000 papilas gustativas en la lengua, un bagre puede tener 175.000 células sensibles al gusto repartidas por todo el cuerpo.

El tacto es otra de las formas que permiten obtener información del entorno. Y en esta categoría, la palma se la lleva una criatura de apariencia extraña conocida como topo de nariz estrellada. La estructura estrellada de su nariz está cubierta de más de 25.000 receptores táctiles llamados órganos de Eimer, y los utiliza para encontrar e identificar a sus presas.

Muchos animales no están limitados por los cinco sentidos tradicionales —vista, oído, olfato, gusto y tacto— que tan bien conocemos.

Algunos tipos de serpiente cuentan con unos detectores de infrarrojos bajo los ojos que se conocen como fosetas loreales. En ellas hay unos receptores capaces de detectar el calor que transmiten los cuerpos que se encuentran hasta a un metro de distancia. En el cerebro de la serpiente, la información térmica recibida por las fosetas loreales se combina con lo que ve para ayudarla a localizar las presas cercanas sin que importe cuánta luz hay.

Son muchas las cosas que hacen único al ornitorrinco, pero la más fascinante es su habilidad para detectar los impulsos eléctricos que emiten los invertebrados pequeños de los que se alimenta. En ambas mitades de su pico tiene unas 40.000 células electrosensoras dispuestas en hileras. Al nadar, va moviendo la cabeza de lado a lado al tiempo que utiliza sus detectores eléctricos para localizar a sus presas incluso en las aguas oscuras y fangosas del fondo de los ríos y los arroyos.

Hay otros animales que usan el campo magnético de la Tierra para orientarse. Muchas especies migratorias, desde el salmón hasta las tortugas marinas, utilizan su don de la magnetorrecepción como si de una brújula se tratase para seguir un camino preciso a lo largo de miles de kilómetros.[3] Entre las aves que cuentan con esta habilidad, las palomas son especialmente diestras. En los picos tienen unas estructuras que contienen magnetita (óxido de hierro magnético), la cual les proporciona una cantidad impresionante de información relativa a la orientación espacial y el posicionamiento geográfico. Las abejas también se abren paso hasta las fuentes de néctar detectando el magnetismo de la Tierra, y son capaces de percibir las ondas electromagnéticas de la atmósfera que indican que se acerca una tormenta.

Erupciones

Una de las erupciones volcánicas más espectaculares de los últimos tiempos fue la del monte Santa Helena, a 150 kilómetros al sur de Seattle. A las 8:32 de la mañana del domingo 18 de mayo de 1980, cerca de 3 km³ de la montaña se vinieron abajo en una enorme avalancha producida por un volcán que midió un 5,1 en la escala Richter. Casi 600 km² de bosque quedaron o bien arrasados por la onda expansiva, o bien enterrados bajo los depósitos volcánicos, 300 kilómetros de carretera acabaron destrozados y 57 personas perdieron la vida.

Sin embargo, lo del monte Santa Helena no fue nada en comparación con otras dos explosiones volcánicas del siglo XX. Se trata de las erupciones del Pinatubo, en Filipinas, en el año 1981, y del Novarupta, en la península de Alaska, en 1912, los cuales se estima que escupieron 10 y 12 km³ de material, respectivamente. Además de los 10.000 millones de toneladas de magma que escupió el Pinatubo, también echó a la superficie 20 millones de toneladas de dióxido de azufre. Este gas reaccionó en la atmósfera creando una nube global de sulfatos y ácido sulfúrico que redujo la cantidad de radiación solar que llegaba a la Tierra en un 10 %, y bajó las temperaturas de todo el mundo medio grado centígrado.

Incluso el Pinatubo y el Novarupta son pequeñeces en comparación con otros monstruos volcánicos del pasado. El año 1883, la isla de Krakatoa, en Indonesia, salió volando por los aires. Se llevó por delante al menos a 40.000 personas y escupió 20 km³ de roca, cenizas y piedra pómez en una explosión que llegó a oírse en Perth, Australia, a 3.500 kilómetros de distancia. Las lecturas del barógrafo revelaron que la onda de presión generada por aquel acontecimiento dio la vuelta a la Tierra siete veces antes de desaparecer.

Más violenta todavía fue la destrucción de Santorini, una pequeña isla en el mar Egeo, hace 3.600 años.[1] Lo único que queda del gran volcán que entró en erupción cerca del año 1620 a. e. c. y que escupió unas nubes enormes de polvo y cenizas y generó un tsunami que inundó la isla vecina de Creta es un lago central. Algunos historiadores achacan a este acontecimiento el inicio de la caída de una de las primeras grandes civilizaciones, la minoica. De la caldera Santorini salieron al menos 30 km³ de magma, bombas volcánicas y otros restos, colocando a la erupción entre las siete u ocho más virulentas de los últimos 10.000 años.

Una de las formas que tienen los volcanólogos de clasificar las erupciones es mediante el Índice de Explosividad Volcánica. Va desde el 0, que correspondería a un burbujeo de lava tranquilo y no explosivo, hasta el 8 en el caso de los supervolcanes cataclísmicos más prodigiosos.[2]

Ninguno de los volcanes de los que hemos hablado hasta ahora son supervolcanes. Al monte Etna, en la costa este de Sicilia, se le dio una puntuación de 3 por su actividad entre los años 2000 y 2003, mientras que las efusiones del islandés Eyjafjallajökull, que en el año 2010 interrumpieron el tráfico aéreo, le granjearon una posición superior con un 4. Con un índice 5 nos vamos a parar a la erupción del monte Santa Helena, seguido en la categoría 6 por el Pinatubo, el Krakatoa y el Novarupta.

La caldera Santorini, con su detonación del año 1620 a. e. c. aproximadamente, se gana un impresionante 7 en la escala del Índice de Explosividad Volcánica. En los últimos tiempos solo ha habido una explosión también digna de un 7: la del monte Tambora, en la isla de Sumbawa, en Indonesia. El Tambora empezó a rugir en 1812 y alcanzó el *crescendo* con una increíble erupción en abril de 1815. Del estallido del Tambora salieron unos 160 km³ de eyecciones que la convirtieron en la erupción volcánica más grande de la historia desde que se tienen registros. Las enormes cantidades de polvo y ceniza que entraron en la atmósfera bajaron las temperaturas de todo el mundo durante meses, y el año siguiente pasó a conocerse como «el año sin verano».

Pero ni la caldera Santorini ni el Tambora fueron supervolcanes. Ese término se reserva para erupciones que impliquen al menos 1.000 km³ de eyecciones, con un poder destructivo parecido a un asteroide de un kilómetro de ancho que viniera directo a la Tierra. Los supervolcanes tienen un índice de explosividad volcánica de 8, el máximo reconocido. Según los registros geológicos, uno de estos monstruos explota, de media, cada 100.000 años. El último fue hace 74.000 años en la isla de Sumatra. Conocida como la supererupción del Toba, hoy en su lugar tenemos el lago Toba; con sus 100 kilómetros de longitud y 30 de ancho, es el lago volcánico más grande del mundo.

El Toba fue impresionante incluso en el contexto de los supervolcanes, y ninguna erupción de los últimos 25 millones de años se le puede comparar. La cantidad de roca fundida y otros materiales que salieron de él alcanzó los 2.800 km³, que es más del doble del volumen del monte Everest y equivale a 10.000 erupciones volcánicas como las del monte Santa Helena a la vez. El Toba estalló cuando los neandertales y otros humanos más modernos convivían en Europa y gran parte de Asia, y sus consecuencias habrían supuesto grandes dificultades para nuestros antepasados y, quizá, según plantean algunos, podría haberlos llevado al borde de la extinción.

En general se considera que la supererupción del Toba provocó una caída de las temperaturas medias en todo el mundo de entre 3 y 5 °C. Un manto de ceniza de al menos 15 centímetros de grosor cubrió todo el sureste asiático, y, en algunos lugares, la sedimentación fue mucho mayor: en la India central llegó a los 6 metros, mientras que en algunas partes de Malasia alcanzó los 9. La flora y la fauna del sureste asiático debieron quedar asoladas por una extinción de alcance planetario.

La explosión del Toba ocurrió en medio de un período, hace entre 100.000 y 50.000 años, en que la población humana cayó en picado. Esto es lo que da lugar a la teoría de la catástrofe del Toba, según la cual los efectos de la erupción fueron de tal gravedad que la población global de *Homo sapiens* se mermó hasta contar con 10.000 individuos o menos. La muerte de la vegetación y el hecho de que el clima se volviese más frío y seco como efecto secundario del episodio eruptivo seguramente alteró los hábitos migratorios de nuestros antepasados y los obligó a encontrar nuevas formas de tener acceso a las pocas fuentes de alimento que quedasen disponibles. En última instancia, la especie se benefició del calvario del Toba, ya que nos hizo más resistentes y dependientes de nuestro ingenio y de nuestros talentos latentes para la comunicación y la cooperación.

Otras supererupciones anteriores se han relacionado con extinciones masivas en las que grandes extensiones de vida desaparecieron de la faz de la Tierra en un espacio de tiempo relativamente corto. La extinción masiva del Pérmico, de hace 250 millones de años, aniquiló a más del 90 % de las especies de la Tierra y se cree que tuvo que ver con una erupción colosal asociada con los traps siberianos (o escaleras siberianas). Estos traps ocupan una región muy extensa de roca ígnea que se formó a partir del vertido de varios millones de kilómetros cúbicos de lava, y hoy cubre una gran parte de Siberia. Este episodio duró cerca de un millón de años y consistió en varias erupciones distintas que bien podrían haber sido de la talla de la del Toba. Sus efectos tuvieron tal impacto en el ecosistema global que la vida en la Tierra tardó unos 30 millones de años en recuperarse.

Los traps siberianos son un ejemplo de lo que se conoce como grandes provincias ígneas, que son extensas acumulaciones de lava generadas cuando una enorme masa de magma sale a la superficie directamente desde el manto de la Tierra. Otro vertido de lava igual de catastrófico dio lugar a los traps del Decán que, en el momento de formarse, hace entre 60 y 68 millones de años, enterraron gran parte de la India bajo roca fundida. Se ha datado el punto álgido de la erupción en 66 millones de años atrás, justo antes de la extinción masiva del final del período Cretácico, cuando los últimos de los dinosaurios y muchos otros animales y plantas desaparecieron del registro fósil. Existe un consenso muy extenso sobre que los dinosaurios murieron principalmente por culpa de un asteroide enorme que colisionó contra la Tierra, pero bien es cierto que las consecuencias ambientales de los traps del Decán podrían haber contribuido a su desaparición.

No cabe duda de que la Tierra vivirá otras supererupciones, ya que algunos de los supervolcanes que estallaron en el pasado conservan la capacidad de volver a hacerlo. Y entre ellos hay uno que se encuentra en el epicentro de una zona turística muy visitada y pintoresca.

La caldera de Yellowstone ocupa más o menos la mitad del Parque

Nacional de Yellowstone y tiene una extensión de unos 72 × 55 kilómetros. Este lugar ha presenciado múltiples erupciones, muchas de ellas de la categoría de los volcanes normales, pero algunas también de la talla de un supervolcán. La más reciente de estas espectaculares explosiones ocurrió hace 640.000 años, y se cree que fue la causante de la destrucción de muchos mamíferos grandes de Norteamérica, que se ahogaron al respirar los gases tóxicos o murieron de hambre al desaparecer la vegetación que había perecido bajo la nube de ceniza que encapotó todo el continente. Entre otras erupciones del supervolcán de Yellowstone estuvieron las de hace 1,3 y 2,1 millones de años. Los geólogos han determinado que el tiempo medio que pasa entre una erupción y otra es de unos 600.000 años, lo cual significa que puede que esté llegando el momento de que vuelva a ocurrir.[3]

Sería una noticia nefasta para Estados Unidos. Bajo una capa de ceniza de un metro de grosor (que sería mucho mayor en las zonas cercanas a la erupción), el país quedaría prácticamente inhabitable para los humanos. Los estados del Medio Oeste, que es donde se encuentra gran parte de la producción alimentaria e industrial nacional, se verían especialmente afectados. Pero los efectos irían mucho más allá: como en el caso de la erupción del Toba, los días, meses y años

La Gran Fuente Prismática en el Parque Nacional de Yellowstone.

después del cataclismo estarían caracterizados por un enfriamiento global que vendría acompañado de la muerte masiva del mundo vegetal y, después, de los animales y las personas.

Es natural que la gente se ponga un poco nerviosa cuando llegan informes de actividad reciente en el parque nacional favorito del país. No es raro que haya pequeños terremotos en Yellowstone, y hay indicios de actividad geotérmica por todas partes, desde las apariciones predecibles del géiser Old Faithful hasta el constante burbujeo y borboteo de las calderas de azufre de agua caliente y barro que se encuentran por todo el parque. Estas atracciones que tanto gustan a los visitantes son solo pequeñas expresiones de las colosales fuerzas que se cuecen incansablemente en el interior.

Entre 6 y 16 kilómetros por debajo de los fotogénicos paisajes de Yellowstone hay una cámara magmática gigantesca que se va llenando de la roca fundida del manto, sin prisa pero sin pausa. Se estima que mide 50 kilómetros de longitud, 30 kilómetros de ancho y 10 kilómetros de profundidad, y está alimentada de una pluma magmática que asciende desde al menos 660 kilómetros bajo la superficie en un ángulo de 60°. Los gases que hay atrapados están aumentando la presión del magma, y aunque parte de esa presión se reduce diariamente gracias a los distintos accidentes geotérmicos que atraen a los visitantes al parque, con eso no basta. En algún momento, la presión del interior de la cámara subterránea alcanzará un nivel crítico, la roca que la recubre se agrietará y dará paso a una violenta eyección del magma repleto de gas, que a su vez cubrirá una extensión enorme en la superficie. Cuando llegue este trágico día, es muy posible que salgan despedidos más de 1.000 km^3 de magma que sembrarán el caos por todo Norteamérica y el mundo entero.

La buena noticia es que la caldera de Yellowstone es una de las regiones volcánicas activas más vigiladas de la Tierra. Un equipo de científicos, en colaboración con el Servicio Geológico de Estados Unidos, la Universidad de Utah y el Servicio de Parques Nacionales han dicho recientemente que no ven «evidencias de que otra [...] erupción cataclísmica vaya a ocurrir en Yellowstone en el futuro próximo».

44

El síndrome de Matusalén

Se ha hablado de muchos casos de longevidad humana extrema, pero la persona más anciana de la que se tiene constancia en los registros oficiales fue la francesa Jeanne Calment, fallecida en 1997 a los 122 años. Pocos mamíferos viven más de media que nosotros. Una de las excepciones es la ballena de Groenlandia, moradora de los mares árticos.

En 2007, una de estas ballenas, de 50 toneladas de peso, fue asesinada en la costa de Alaska por un grupo de balleneros inupiat con una lanza bomba, un proyectil con apariencia de lanza que lleva un explosivo que detona una vez introducido en el interior de la presa. Al abrirla, descubrieron que llevaba dentro la cabeza de una lanza bomba fabricada entre 1879 y 1885,[1] un hallazgo que permitió estimar la edad de la ballena entre los 120 y los 130 años. Animados por el descubrimiento, los científicos empezaron a medir las edades de otras ballenas de Groenlandia y encontraron una que llegaba a los 211 años.

Esto apunta a que algunas ballenas de gran tamaño han desarrollado mecanismos especiales que las protegen del envejecimiento y de enfermedades que limitan la esperanza de vida como el cáncer. Para descubrir los secretos de su longevidad, un equipo de investigadores de Estados Unidos y el Reino Unido se pusieron manos a la obra en 2015 para mapear el genoma de la ballena de Groenlandia, es decir, todas las instrucciones del ADN que encierra cada célula. Fue la primera vez que se secuenciaba el genoma de un cetáceo de gran tamaño. Una vez hecho, la secuencia genética de la ballena se comparó con la de otros nueve mamíferos, entre ellos, la vaca, las ratas y los humanos.

El análisis comparativo puso de manifiesto mutaciones en dos genes que ayudan a explicar la capacidad de esta ballena para vivir más tiempo. Una de estas mutaciones permite a la ballena reparar mejor el daño que sufre su ADN; la otra está relacionada tanto con la reparación del ADN como con una mayor resistencia ante el cáncer. Este tipo de ballena también cuenta con un índice metabólico bajo, en consonancia con el frío entorno en el que vive. Teniendo en cuenta todos estos factores, los científicos estiman que su esperanza de vida máxima es de unos 268 años.

Hay otro residente de las heladas aguas árticas que vive todavía más tiempo: el tiburón de Groenlandia. Ya en la década de 1930 se sospechaba de su extraordinaria longevidad. En aquel entonces, un biólogo pesquero de Groenlandia identificó a varios cientos de estos peces grandes, de nado pausado y aguas profundas, y observó que crecen a un ritmo extremadamente lento, a razón de 1 centímetro al año. Aquello era un indicio indiscutible de que sus vidas pueden durar siglos, ya que pueden llegar a alcanzar los 7 metros de longitud.

Más recientemente, el biólogo marino John Steffensen, de la Universidad de Copenhague, se propuso establecer con más detalle hasta qué edad pueden vivir los tiburones de Groenlandia. Examinó un trozo de columna de un espécimen capturado en el Atlántico Norte, esperando poder contar los anillos de crecimiento para que le revelasen la edad del animal, pero no encontró ninguno. Entonces recurrió a Jan Heinemeier, experto en datación por radiocarbono de la Universidad de Aarhus. Heinemeier sugirió que los cristalinos de los ojos de los tiburones podrían dar las pistas necesarias para determinar cuánto tiempo había vivido el animal.

Durante los años siguientes, Steffensen y un estudiante de posgrado, Julius Nielsen, recopilaron cristalinos de tiburones de Groenlandia muertos, la mayoría de los cuales habían quedado atrapados en las redes de arrastre con las que se pretendía pescar otros tipos de peces. Entonces se fijaron en los cristalinos en busca de concentraciones de carbono-14. Esta forma radiactiva del carbono fue uno de los productos derivados de las pruebas con bombas de hidrógeno de los años cincuenta que, para principios de la década de los sesenta, ya había llegado a los ecosistemas oceánicos. Las partes inertes del cuerpo de los animales que habían nacido durante esta época, incluidos los cristalinos, presentan cantidades elevadas del mencionado isótopo. Gracias a este método de datación, los dos investigadores daneses pudieron demostrar que dos de los tiburones de su estudio habían nacido después de la década de 1960, mientras que otro había nacido cerca del año 1963.

A partir de la determinación precisa de sus edades, y conocedores de que los tiburones de Groenlandia recién nacidos miden unos 42 centímetros, pudieron trazar una curva de crecimiento que mostrase la correlación entre la edad y la longitud del tiburón. El más anciano de los veintiocho especímenes que examinaron era una hembra de 5 metros de longitud. Su edad era asombrosa: 392, con un margen de error al alza o a la baja de 120 años. Incluso si tenía la edad más corta de las contempladas, era fácilmente el vertebrado más viejo jamás registrado. Es más, los investigadores observaron que, dado que la mayoría de los tiburones de Groenlandia hembra que están embarazadas miden unos 4 metros de longitud, ni siquiera tienen crías hasta, al menos, los 150 años.[2]

En el mar hay criaturas más viejas todavía si dejamos que los invertebrados (animales sin columna vertebral) participen en la competición. Te presento a Ming, una almeja de Islandia. Para estimar la edad de los moluscos bivalvos como este no hace falta recurrir a la datación radiactiva, ya que basta con contar los anillos de crecimiento anual del interior de la concha. En 2006, en la costa de Islandia se recogió un espécimen de este tipo de almeja que presentaba un número asombroso de anillos. Inicialmente, los científicos contaron 405, y de ahí el sobrenombre en honor a la dinastía china del momento de su nacimiento. Una determinación posterior corrigió el recuento y lo dejó en 507, lo que significa que Ming nació en el año 1499, cuatro años antes de que Leonardo da Vinci empezase a trabajar en la Mona Lisa. En una de las ironías que tiene el mundo de la investigación científica, la concha de Ming tuvo que abrirse a la fuerza; mataron al animal conocido más viejo del planeta para determinar exactamente qué edad tenía.[3]

En tierra firme, el animal más anciano conocido y que siga vivo es Jonathan, la tortuga gigante. Nació en las Seychelles, y cuando la llevaron a su hogar actual, Santa Helena, en 1882, ya había madurado por completo, lo que significa que tenía al menos 50 años. Si damos por sentado que nació en el año 1832, ahora tiene 191. Pero a Jonathan todavía le queda un trecho antes de rebasar a la tortuga más vieja cuya edad pudo establecerse con bastante precisión. Adwaita («única e inimitable» en sánscrito) fue una de las cuatro tortugas que le regalaron a Clive de la India en 1757 tras su victoria en la batalla de Plassey. Unos veinte años después fue enviada a los Jardines Zoológicos Alipore, en Calcuta, donde vivió hasta fallecer en 2006 a la edad aproximada de 255 años.

Para adentrarnos en los extremos de la longevidad, debemos fijarnos en el mundo vegetal. Algunos tipos de árbol pueden durar ya no siglos, sino milenios. En los Jardines de Mahamewna, en Anuradhapura, Sri Lanka, hay una higuera sagrada (*Ficus religiosa*) que se plantó en el año 288 a. e. c. Con 2.310 años, es el árbol vivo plantado por los humanos más antiguo del mundo. El President, en el Parque Nacional de las Secuoyas de California, tiene unos 3.200 años. El recuento de los anillos de Matusalén, un ejemplar de los llamados pinos longevos que se encuentra en las Montañas Blancas de California, revela una edad de 4.854 años, lo cual significa que llevaba vivo tres siglos cuando se construyó la Gran Pirámide de Guiza.[4]

Si, que sepamos, los cinco milenios son el límite al que pueden llegar los seres vivos individuales, hay organismos de otras clases que lo superan con creces. Algunos tipos de plantas viven en lo que se conoce como colonias clonales, en las que cada miembro es idéntico genéticamente a todos los demás. Si consideramos estas colonias una entidad única, entonces sus esperanzas de vida pueden ser enormes. Se cree que una colonia de pradera marina del mar Mediterráneo, en la costa de Ibiza, tiene al menos 12.000 años, mientras que la edad de la colonia de los arbustos *Lomatia tasmanica*, en Tasmania, se estima en al menos 43.600 años.

Si bajamos al mundo de los microbios, encontramos longevidades mucho mayores. Algunos endolitos —microorganismos que viven en los diminutos poros de las rocas y los minerales y que se sustentan exclusivamente gracias a las sustancias químicas de su entorno— llevan vivos más que el *Homo sapiens*. En 2013, unos investigadores encontraron evidencias de la presencia de endolitos bajo el suelo oceánico que podrían tener millones de años, con un período de regeneración de 10.000 años. Pero incluso estos son superados por las criaturas capaces de sobrevivir durante espacios de tiempo asombrosos en un estado latente, o de animación suspendida, antes de retomar su actividad metabólica. Los científicos han observado cómo unas esporas que habían quedado atrapadas en ámbar (resina fosilizada) volvían a la vida pasados 40 millones de años, y cómo otras de los depósitos de sal de Nuevo México revivían tras 250 millones de años. Estas últimas han sobrevivido desde finales del período Pérmico, antes de la época de los dinosaurios, y son los seres vivos conocidos más antiguos de la Tierra.

Finalmente, puede que haya seres inmortales, criaturas que no envejecen nunca o que, en algunos casos, tienen la capacidad de rejuvenecer. Algunas especies de hidra, unos organismos pequeños que viven en agua dulce y tienen el cuerpo tubular, unos tentáculos cubiertos de células urticantes y un pie adhesivo, parecen no morir nunca de viejas. Si sufren alguna lesión, o incluso si se los corta por la mitad, se regeneran. En 1998, Daniel Martínez, de la Universidad de Arizona, fue el primero en decir que estos organismos son inmortales desde el punto de vista biológico y en demostrar la existencia de formas de vida sin senescencia. Aunque sus resultados provocaron cierta polémica, los estudios que se han llevado a cabo desde entonces han respaldado la idea de que, al menos en teoría, algunos organismos viven para siempre.

Grandes supervivientes

Los primeros astronautas del Apolo en regresar de la Luna se encontraron con multitudes que les daban la bienvenida... y con tres semanas de aislamiento por si sin querer habían traído algún patógeno mortal de la superficie lunar. Nadie esperaba que hubiese vida en la Luna, pero el riesgo de liberar un virus alienígena al que podríamos tener una resistencia nula era demasiado grande. ¿Quién sabía a qué circunstancias podría haber aprendido a adaptarse una forma de vida de otro lugar del universo?

Desde la época del Apolo, los científicos han acumulado mucho más conocimiento sobre los llamados «extremófilos», unas criaturas que, desde nuestro punto de vista, viven en los lugares más hostiles que podamos imaginar. Resulta que, en el mundo en el que vivimos, la vida se ha expandido hasta llegar al último nicho ecológico concebible, y a veces prácticamente inconcebible.

A algunos animales resistentes los conocemos bien. Los camellos pueden pasar sin agua una semana o más a temperaturas que alcanzan los 49 °C. Los pingüinos emperador macho de la Antártida pasan dos meses, con sus 24 horas del día, de pie en temperaturas que caen hasta los −40 °C mientras incuban un huevo que hace equilibrios sobre sus pies. Las colonias sobreviven bajo estas condiciones apiñándose en grupos enormes y rotando a los individuos que se encuentran expuestos en los márgenes hacia el centro para que todos los miembros tengan la oportunidad de «entrar en calor». Las ranas de bosque adoptan un enfoque distinto cuando se trata de lidiar con el frío: sus cuerpos se congelan y mantienen en un estado de animación suspendida hasta que llega el deshielo en primavera. Logran sobrevivir congeladas gracias a la glucosa, un crioprotector, que acumulan en sus tejidos.

En las últimas décadas, los científicos han descubierto una gran variedad de extremófilos que viven en lugares que anteriormente se habían considerado inhabitables. A los termófilos les gusta el calor, y los hipertermófilos crecen y se reproducen sin problemas a temperaturas que cocerían a la mayoría de los seres vivos en cuestión de segundos. En 1997, un equipo de investigadores que estudiaba una fuente hidrotermal «de humo negro» en el lecho del océano Atlántico descubrió un tipo de microbio al que llamaron *Pyrolobus fumarii* (literalmente, «lóbulo de fuego de la chimenea») que vivía a temperaturas de hasta 113 °C.

Más recientemente, el *Methanopyrus kandleri* ha batido ese récord. Como el *Pyrolobus*, es un tipo de arquea, un organismo unicelular parecido a una bacteria pero que ha seguido un camino evolutivo del todo distinto. Muchas arqueas se han adaptado para poder vivir en entornos extremos. La estructura de sus paredes celulares difiere de la de las bacterias y las hace más estables en condiciones hostiles, y su química interna les permite funcionar con normalidad en lugares que matarían instantáneamente a otras formas de vida. El *Methanopyrus kandleri* es capaz de sobrevivir a temperaturas de hasta 122 °C, sus condiciones óptimas de reproducción son los 98 °C, y se «congela» o solidifica y deja de crecer por debajo de los 90 °C.[1]

En el otro extremo encontramos a los psicrófilos, quienes prosperan en medios muy fríos. Se trata de criaturas para las que el hielo polar, los glaciares, los campos de nieve y el permafrost son su hogar. Entre los insectos amantes del frío tenemos a los grilloblatodeos nocturnos, de cuerpo chato, cabeza parecida a la de una cucaracha y largas antenas que se desarrollan en temperaturas justo por encima de los 0 °C y mueren al llegar a los 10 °C. El mosquito no volador *Belgica antarctica* tolera no solo el frío, sino también la exposición a la sal y a los rayos ultravioleta intensos al mismo tiempo. Se trata de un poliextremófilo —una forma de vida que prospera en múltiples entornos extremos— y se cree que el hecho de que posea el genoma conocido más pequeño de todos los insectos es una adaptación a dichos medios.

Engordando las filas de los psicrófilos están ciertos tipos de algas, bacterias, líquenes y hongos. Algunos líquenes han sido observados

haciendo la fotosíntesis a temperaturas de hasta −24 °C, y se ha registrado actividad microbiana en suelos por debajo de los −39 °C.

Parece imposible que haya algo capaz de vivir en las rocas que se
encuentran a mucha profundidad, donde no hay ni aire ni luz ni agua.
Y, aun así, los endolitos logran labrarse una vida en los diminutos
poros y fisuras que existen entre los granos de los minerales, a veces a
un kilómetro y medio o más de profundidad. En el caso de los autoen-
dolitos, no les hace falta nada más que una reducida dieta de sustancias químicas para crecer y mantener su metabolismo en funcionamiento. Para algunos, la división celular es algo que ocurre una vez
cada siglo, y en 2013 unos científicos anunciaron la presencia de endolitos bajo el suelo del océano que podrían tener millones de años de
edad y que se reproducen una vez cada 10.000 años.

Se han hallado extremófilos en el agua sumamente ácida que brota
del suelo en zonas de actividad geotérmica. Los termoacidófilos abun-
dan en el pesadillesco entorno de las fuentes de aguas termales que
brotan a casi 100 °C en las zonas del Parque Nacional de Yellowstone,
donde se encuentran la cuenca del géiser Norris, el volcán de lodo y la
caldera de azufre de Yellowstone. El contenido humeante y sulfúrico
de estos estanques puede llegar a los 90 °C y tener un pH (el índice
que se usa para medir la acidez y la alcalinidad) parecido al del ácido
de batería. Pero en estas aguas infernales viven microbios como los del
género *Sulfolobus* y la especie bautizada con mucho tino con el nombre de *Acidianus infernus*. A los científicos les interesan estos organismos de increíble dureza no solo como curiosidades en sí mismas, sino
como una fuente de enzimas termoestables (catalizadores biológicos)
útiles para las industrias alimentaria, textil y papelera, así como para
llevar a cabo estudios científicos y diagnósticos.

Entre los seres vivos más resistentes del planeta están los tardígrados u osos de agua, unos microanimales de aspecto extraño y ocho
patas que, con una longitud máxima de medio milímetro, apenas se
pueden ver a simple vista.[2] Se han encontrado en casi todas las partes
de la Tierra, desde desiertos hasta glaciares, desde aguas termales hir-
viendo hasta las cumbres heladas del Himalaya. Hay pocos entornos
en los que no puedan vivir, y cuando las condiciones se vuelven especialmente inhóspitas, tienen la habilidad de sobrevivir entrando en un
estado seco y casi inerte conocido como criptobiosis. Son capaces de

Un tardígrado u oso de agua, uno de los
organismos más resistentes de la Tierra.

permanecer en este estado durante décadas o más, hasta que la exposición al agua los reactive.

Puede que los haya hasta en la Luna; no endémicos, sino visitantes llegados de la Tierra y liberados por accidente tras el aterrizaje
forzoso de una sonda israelí. El Beresheet iba a ser el primer robot
de aterrizaje lunar de financiación privada, cuyo objetivo consistía
en asegurar que había una copia de seguridad en caso de que toda la
vida en la Tierra fuese destruida. Entre su carga había un archivo del
tamaño de un DVD que contenía 30 millones de páginas de información (incluida toda la Wikipedia en inglés), muestras de ADN humano y miles de tardígrados deshidratados. Las pequeñas criaturas
bien podrían haber sobrevivido al intento fallido del Beresheet de
aterrizar con normalidad, pero la ausencia de agua lunar significa
que no hay posibilidad de que se reanimen y pueblen la Luna con su
primera colonia de expatriados terrestres.

En el espacio hay otros mundos que parecen mucho más prome-
tedores desde el punto de vista biológico, y el descubrimiento de una
gran diversidad de extremófilos en la Tierra ha alimentado la creencia de que es posible que la vida sea bastante frecuente en todo el
universo. Hubo un tiempo en que Marte fue un lugar más cálido y
húmedo que ahora, de forma que pudo haber vida. De haber sido así,
podría haberse adaptado, a lo largo de miles de millones de años y a

medida que las condiciones empeoraban, y quién sabe si todavía existen hoy en lugares más resguardados, como las profundidades del planeta.

Para entender mejor las probabilidades de encontrar vida en otros lugares del sistema solar y más allá, los científicos buscan análogos terrestres, es decir, lugares en la Tierra que compartan rasgos con ciertos ambientes extraterrestres. Uno de ellos es el lago de la Brea, en la isla de Trinidad, en el cual un amigo mío, el astrobiólogo Dirk Schulze-Makuch, ha pasado un tiempo investigando. El lago de la Brea es justamente eso: una extensión de 109 acres de asfalto pegajoso, negro y natural cuyos contenidos se han excavado para pavimentar carreteras y pasarelas de aterrizaje en todo el mundo, incluida la calzada frente al palacio de Buckingham de Londres y la pasarela del Aeropuerto LaGuardia de Nueva York. Cuesta imaginar un lugar en el que depositar menos esperanzas de encontrar vida de cualquier tipo, y, aun así, en la viscosa brea de este lago hay unas bolsas de agua diminutas en las que se han descubierto colonias de microbios.[3] De hecho, estas diminutas burbujas de agua que hay en el asfalto son los ecosistemas aislados más pequeños jamás observados en la Tierra.

El lago de la Brea podría ser lo más parecido que tenemos en este planeta a la superficie de la gigantesca luna Titán de Saturno. En Titán hay lagos, ríos e incluso mares pequeños llenos de hidrocarburos, de los que el asfalto es una variedad. El agua que se encuentra a grandes profundidades puede salir a la superficie de vez en cuando a consecuencia de las colisiones de asteroides, y entonces mezclarse con dichos hidrocarburos. En ese caso, no es descabellado pensar que esta luna de Saturno albergue condiciones propicias para la vida, por muy improbable que parezca, igual que ocurre en la alquitranada extensión del lago de la Brea.

Algunos extremófilos pueden sobrevivir incluso en el vacío sin aire y anegado de radiaciones del espacio. En 2015, un brazo robótico colocó una caja de microbios en la superficie del laboratorio japonés Kibō que forma parte de la Estación Espacial Internacional. Las bacterias de la caja estaban a merced de los rayos ultravioleta de gran carga energética, de los rayos X y de los rayos gamma que ametrallan constantemente la región que hay más allá de nuestra atmósfera. Pasados tres años, se recuperó el experimento y se volvió a traer a la

Tierra. En 2020, un equipo de científicos japoneses publicó sus observaciones.

Una de las especies de gérmenes incluidas en el estudio era el *Deinococcus radiodurans*, del cual ya se sabía que resistía a la radiación porque sus genes codifican unas proteínas especiales capaces de reparar el ADN. Las células de las capas externas del experimento habían muerto, pero resultó que estas células muertas habían protegido a las camaradas que estaban en el interior de sufrir daños irreparables en el ADN. El efecto combinado de la capa protectora que se había sacrificado y del mecanismo de defensa genético inherente con el que contaba el *D. radiodurans* mantuvo a la mayoría de los microbios vivos durante tres años, a pesar del intenso bombardeo al que habían estado sometidos.

La capacidad que muestra este organismo para sobrevivir en el espacio apunta a que al menos algunos seres vivos podrían hacer viajes entre mundos distintos de varios años de duración, o incluso más, a bordo de los restos que hubiesen salido despedidos de la superficie de uno de dichos mundos a causa del impacto de un asteroide. La pregunta ya está planteada: ¿podría la vida microscópica haber sido transportada, hace miles de millones de años, desde la Tierra hasta Marte, sembrando así el cuarto planeta con algunos de nuestros ancestros más primitivos? ¿O quizá la vida surgió primero en Marte, cuando el sistema solar era todavía joven, y terminó llegando hasta aquí, lo que nos convierte, en cierto sentido, en descendientes de marcianos?

CONCLUSIÓN

Nos atrae lo extraño, lo exótico, lo extremo. Nos intrigan las aventuras que van más allá de lo normal, las exploraciones que superan los límites de lo que había sido posible hasta ahora, porque nos transportan muy lejos de nuestras ordinarias vidas. Los récords logrados por las hazañas humanas o la naturaleza siempre acapararán titulares. Abrir caminos y derribar viejas barreras forma parte de la condición humana.

Pero la necesidad de ir un paso más allá de lo establecido responde a más que el mero deseo de batir récords por el mero hecho de hacerlo, y muy a menudo existen razones prácticas que nos hacen querer traspasar esas barreras. Buscamos formas nuevas y más rápidas o económicas de viajar, de producir más energía impactando menos en el medioambiente, de descubrir materiales más ligeros, más resistentes, más aislantes o más conductores. En los ámbitos de la física y de la astronomía, queremos saber qué hubo antes, cuáles son los componentes fundamentales de la materia y de la energía, y cómo se comporta la naturaleza bajo las condiciones más extraordinarias. Mientras nuestra especie sobreviva, seguiremos explorando los límites de lo que es posible: la ciencia de los extremos.

AGRADECIMIENTOS

Como siempre, agradezco inmensamente el apoyo, el cariño y los ánimos de mi familia, y en especial de mi esposa, Jill.

Quiero dar las gracias también al maravilloso equipo de Oneworld que ha hecho que este libro se convirtiese en realidad, y sobre todo a mi editor, Sam Carter, por su orientación y sus consejos.

CRÉDITOS DE LAS IMÁGENES

Página 14: Octobajo de la Montreal Symphony Orchestra
Cortesía de Wikimedia Commons: <https://commons.wikimedia.org/wiki/File:Octobasse_Orchestre_Symphonique_de_Montr%C3%A9al_Eric_Chappell_1.jpg>.

Página 20: Experimento de brea de la Universidad de Queensland
Cortesía de Amada44, Wikimedia Commons: <https://commons.wikimedia.org/wiki/File:University_of_Queensland_Pitch_drop_experiment-white_bg.jpg>.

Página 33: Cámara anecoica de Microsoft
Cortesía de Ana Romero López, Wikimedia Commons: <https://commons.wikimedia.org/wiki/File:Cámara_anecoica..jpg>.

Página 48: Interior del Joint European Torus
Cortesía de EUROfusion, Wikimedia Commons: <https://commons.wikimedia.org/wiki/File:JET_vessel_internal_view_mascot.jpg>.

Página 52: Esferas en la sonda Gravity Probe B
Cortesía de NASA, Wikimedia Commons: <https://commons.wikimedia.org/wiki/File:Einstein_gyro_gravity_probe_b.jpg>.

Página 66: Aerogel de sílice
Cortesía de NASA/JPL-Caltech: <https://solarsystem.nasa.gov/stardust/images/technology/aerogelhand.jpg>.

Página 72: Galería de los Susurros de la Catedral de San Pablo
Cortesía de Femtoquake, Wikimedia Commons: <https://commons.
wikimedia.org/wiki/File:St_Paul%27s_Cathedral_Whispering_
Gallery.jpg>.

Página 78: Trineo cohete Sonic Wind 1 y John Stapp
Cortesía de US Air Combat Command: <https://media.defense.gov/
2014/Dec/08/2000982306/-1/-1/0/141208-F-CP123-003.JPG>.

Página 93: Laniakea
Cortesía de Andrew Z. Colvin, Wikimedia Commons: <https://
commons.wikimedia.org/wiki/File:07-Laniakea_(LofE07240).png>.

Página 107: Sonda Solar Parker
Cortesía de NASA/Johns Hopkins APL/Steve Gribben: <https://
solarsystem.nasa.gov/missions/parker-solar-probe/in-depth/>.

Página 119: Figura de cerámica negra griega
Cortesía de Carole Radatto, Wikimedia Commons: <https://commons.
wikimedia.org/wiki/File:Athenian_black-figure_pottery_amphora,_
5-6th_century_BC,_Theseus_slaying_the_Minotaur,_the_Cretan_
monster,_Ashmolean_Museum_%2814338652154%29.jpg>.

Página 128: Encélado
Cortesía de NASA/JPL/Space Science Institute: <https://www.jpl.
nasa.gov/edu/images/enceladus.jpg>.

Página 140: Pez erizo
Cortesía de Mikkel Elbech, Wikimedia Commons: <https://commons.
wikimedia.org/wiki/File:Diodon_nicthemerus.jpg>.

Página 152: Camión de 17,5 toneladas levantado con pegamento
DELO
Cortesía de DELO: <https://www.delo-adhesives.com/fileadmin/
news/_testdateien/news/cross-industrial_information/gwr_image_4.
jpg>.

Página 155: Flor cadáver
Cortesía de Sailing moose, Wikimedia Commons: <https://commons.wikimedia.org/wiki/File:Amorphophallus_titanum_(corpse_flower)_-_2.jpg>.

Página 164: Pompa de jabón gigante
Cortesía de Kazbeki, Wikimedia Commons: <https://commons.wikimedia.org/wiki/File:Giant.bubble.jpg>.

Página 175: Lenguado tropical
Cortesía de Brocken Inaglory, Wikimedia Commons: <https://commons.wikimedia.org/wiki/File:Peacock_Flounder_Bothus_mancus_in_Kona.jpg>.

Página 189: Superordenador Frontier
Cortesía del Laboratorio Nacional Oak Ridge: <https://www.ornl.gov/sites/default/files/2022-08/52281122090_6200529f58_o.jpg>.

Página 225: Colibrí zunzuncito
Cortesía de SlvrHwk, Wikimedia Commons: <https://commons.wikimedia.org/wiki/File:Mellisuga_helenae_Size_Comparison.svg>.

Página 237: Yellowstone
Cortesía de James St. John, Wikimedia Commons: <https://commons.wikimedia.org/wiki/File:Grand_Prismatic_Spring_2013.jpg>.

Página 247: Tardígrado
Cortesía de Schokraie, E.; Warnken, U.; Hotz-Wagenblatt, A.; Grohme, M. A.; Hengherr, S., *et al.*, Wikimedia Commons: <https://commons.wikimedia.org/wiki/File:SEM_image_of_Milnesium_tardigradum_in_active_state_-_journal.pone.0045682.g001-2.png>.

NOTAS

Capítulo 1. Gravísimo

1. «Greatest vocal range, male», página web de los Récord Guinness, <http://www.guinnessworldrecords.com/world-records/3000/greatest-vocal-range-male>.

2. «The Montreal Symphony Orchestra's new octabass has arrived», Robert Rowat, CBC, 16 de junio de 2016, <https://www.cbcmusic.ca/posts/11590/montreal-symphony-orchestra-new-octobass>.

3. «Infrasound linked to spooky effects», NBC News, septiembre de 2003, <https://www.nbcnews.com/id/wbna3077192>.

4. «Disappearing Homing Pigeon Mystery Solved», Kathryn Knight, *Journal of Experimental Biology*, n.º 216, vol. 4, 15 de febrero de 2013.

5. «Can Animals Predict Disaster?», PBS, 5 de junio de 2008, <https://www.pbs.org/wnet/nature/can-animals-predict-disaster-introduction-2/134/>.

6. «Interpreting the "Song" of a Distant Black?», NASA, <https://www.nasa.gov/centers/goddard/universe/black_hole_sound.html>.

Capítulo 2. Qué leeento

1. «A New Way to Laser-Cool Molecules», Nicholas R. Hutzler, *Physics*, n.º 13, vol. 89, 3 de junio de 2020, <https://physics.aps.org/articles/v13/89>.

2. «Observing the Rarest Decay Process in Nature», Purdue University, <https://science.purdue.edu/xenon1t/?p=1287>.

3. «The universe's biggest gear reduction! GOOGOL to 1», Daniel de Bruin, <https://www.youtube.com/watch?v=nFslB0AcVmM>.

Capítulo 3. Brillos

1. «Scientists face down "Godzilla", the most luminous star known», *Nature*, n.º 610, vol. 7930, pág. 10, 6 de octubre de 2022.

2. «Found: The Most Powerful Supernova Ever Seen», Lee Billings, *Scientific American*, 14 de enero de 2016, <https://www.scientificameri can.com/article/found-the-most-powerful-supernova-ever-seen/>.

3. «1 billion suns: World's brightest laser sparks new behavior in light», Scott Schrage, Universidad de Nebraska, <https://news.unl.edu/newsrooms/today/article/1-billion-suns-world-s-brightest-laser-sparks-new-behavior-in-light/>.

Capítulo 4. ¡Silencio!

1. *4'33"*, John Cage, interpretación en el Barbican por parte de la BBC Symphony Orchestra, <https://www.youtube.com/watch?v=yoAbXwr3 qkg>.

2. «Experience the Quietest Place on Earth», Margaret Cirino, Regina G. Barber y Gabriel Spitzer, NPR, 26 de agosto de 2022, <https://www.npr.org/2022/08/25/1119484767/experience-the-quietest-place-on-earth>.

3. «Confirmed: In Space No One Can Hear You Scream», Tim Pilgrim, Universidad Brunel, <https://www.brunel.ac.uk/news-and-events/news/articles/Confirmed-In-space-no-one-can-hear-you-scream>.

4. «NASA's Perseverance Rover Captures the Sounds of Mars», NASA Jet Propulsion Laboratory, <https://www.youtube.com/watch?v=GHenFGnixzU>.

5. «Where Sound Goes to Die», Microsoft, <https://news.microsoft.com/stories/building87/audio-lab.php>.

Capítulo 5. Hasta el once

1. «The Audiological Health of Horn Players», Wayne J. Wilson, Ian O'Brien y Andrew P. Bradley, *Journal of Occupational and Environmental Hygiene*, n.º 10, vol. 11, págs. 590-596, 2013.

2. «Large European Acoustic Facility», Agencia Espacial Europea, <https://www.esa.int/Enabling_Support/Space_Engineering_Technolo gy/Test_centre/Large_European_Acoustic_Facility_LEAF>.

3. «ZWRRWWWBRZR: That's the sound of the prop-driven XF-84H, and it brought grown men to their knees», Stephan Wilkinson, *Air & Space*, Smithsonian Institution, <http://www.airspacemag.com/how-things-work/zwrrwwwbrzr-4846149>.

4. «How Krakatoa made the biggest bang», *The Independent*, 3 de mayo de 2006, <https://www.independent.co.uk/news/science/how-krakatoa-made-the-biggest-bang-5336165.html>.

5. «What's the loudest a sound can be?», *BBC Science Focus*, 29 de diciembre de 2020, <https://www.sciencefocus.com/science/whats-the-loudest-a-sound-can-be/>.

Capítulo 6. Rozando los 0 K

«Record low surface air temperature at Vostok Station, Antarctica», British Antarctic Survey, 27 de diciembre de 2009, <https://www.bas.ac.uk/data/our-data/publication/record-low-surface-air-temperature-at-vostok-station-antarctica/>.

2. «Shadowy moon crater coldest spot yet measured», CBC News, 18 de septiembre de 2009, <https://www.cbc.ca/news/science/shadowy-moon-crater-coldest-spot-yet-measured-1.851001>.

3. «The Boomerang Nebula: The Coldest Region of the Universe?», Raghvendra Sahai y Lars-Åke Nyman, Universidad de Harvard, octubre de 1997, <https://ui.adsabs.harvard.edu/abs/1997ApJ...487L.155S/abstract>.

4. «CUORE has the coldest heart in the known universe», *CERN Courier*, 27 de noviembre de 2014, <https://cerncourier.com/a/cuore-has-the-coldest-heart-in-the-known-universe/>.

5. «NASA's Cold Atom Lab Takes One Giant Leap for Quantum Science», NASA, 13 de junio de 2020, <https://www.nasa.gov/feature/jpl/nasas-cold-atom-lab-takes-one-giant-leap-for-quantum-science>.

6. «New record set for lowest temperature −38 picokelvins», *Phys.org*, 13 de octubre de 2021, <https://phys.org/news/2021-10-coldest-temperature38-picokelvins.html>.

Capítulo 7. La cosa está que arde

1. «Planet WASP-12b is on a death spiral, say scientists», Universidad de Princeton, <https://www.princeton.edu/news/2020/01/07/planet-wasp-12b-death-spiral-say-scientists>.

2. «Astronomers Discover a Giant Planet Hotter Than Most Stars», *Scientific American*, 5 de junio de 2017, <https://www.scientificamerican.com/article/feeling-hot-hot-hot-astronomers-discover-a-giant-planet-hotter-than-most-stars/>.

3. «The Most Extreme Stars in the Universe», Jake Parks, *Astronomy*, 23 de septiembre de 2020, <https://astronomy.com/magazine/news/2020/09/the-most-extreme-stars-in-the-universe>.

4. «Another world record for China's EAST tokamak», *Nuclear Engineering International*, 18 de abril de 2023, <https://www.neimagazine.com/news/newsanother-world-record-for-chinas-east-tokamak-10768385>.

5. «Lawrence Livermore National Laboratory achieves fusion ignition», Laboratorio Nacional Lawrence Livermore, 14 de diciembre de 2022, <https://www.llnl.gov/news/lawrence-livermore-national-laboratory-achieves-fusion-ignition>.

6. «European researchers achieve fusion energy record», *EUROfusion News*, 9 de febrero de 2022, <https://euro-fusion.org/eurofusion-news/european-researchers-achieve-fusion-energy-record/>.

7. «Two CU Physics Professors Part of Team That Created World's Hottest Temperature Matter in Atom Smasher», *CU Boulder Today*, Universidad de Colorado, 16 de febrero de 2010, <https://www.colorado.edu/today/2010/02/16/two-cu-physics-professors-part-team-created-worlds-hottest-temperature-matter-atom>.

8. «CERN physicists break record for hottest manmade material», *Phys. org*, 16 de agosto de 2012, <https://phys.org/news/2012-08-cern-physicists-hottest-manmade-material.html>.

Capítulo 8. Las esferas

1. «Roundest objects in the world created», Devin Powell, *New Scientist*, 1 de julio de 2008, <https://www.newscientist.com/article/dn14229-roundest-objects-in-the-world-created/>.

2. «A Pocket of Near-Perfection», *NASA Science*, 26 de abril de 2004, <https://science.nasa.gov/science-news/science-at-nasa/2004/26apr_gpb-tech>.

3. «The Sun's almost perfectly round shape baffles scientists», *Astronomy*, 17 de agosto de 2012, <https://www.astronomy.com/news/2012/08/the-suns-almost-perfectly-round-shape-baffles-scientists>.

4. «Kepler 11145123 Is Most Spherical Natural Object Ever Seen, Astronomers Say», *Sci News*, 18 de noviembre de 2016, <https://www.sci.

news/astronomy/kepler-11145123-most-spherical-natural-object-04378. html>.

5. «Supernova Leaves Behind Mysterious Object», *Space Daily*, 14 de julio de 2006, <https://www.spacedaily.com/reports/Supernova_Leaves_ Behind_Mysterious_Object_999.html>.

Capítulo 9. Pelotas y más pelotas

1. «Why Physicists Love Super Balls», Joel Shurkin, *Inside Science*, 22 de mayo de 2015, <https://ww2.aip.org/inside-science/why-physicists-love-super-balls>.
2. «Record-breaking Steel Could Be Used for Body Armor, Shields for Satellites», Universidad de California, San Diego, 5 de abril de 2016, <https://jacobsschool.ucsd.edu/news/release/1915>.

Capítulo 10. ¿Cuántos teslas tienes?

1. «How strong are neodymeium magnets?», Mario Gudec, vídeo de YouTube, <https://www.youtube.com/watch?v=TUuI58qwEvI>.
2. «Floating Frogs», *Science*, 14 de abril de 1997, <https://www. science.org/content/article/floating-frogs>.
3. «Fermilab achieves 14.5-tesla field for accelerator magnet, setting new world record», Fermilab, 13 de julio de 2020, <https://news.fnal. gov/2020/07/fermilab-achieves-14-5-tesla-field-for-accelerator-magnet-setting-new-world-record/>.
4. «With mini magnet, National MagLab creates world-record magnetic field», National High Magnetic Field Laboratory, 12 de junio de 2019, <https://nationalmaglab.org/news-events/news/lbc-project-world-record-magnetic-field/>.
5. «China Sets World Record in Steady High Magnetic Field Research», Academia China de las Ciencias, 15 de agosto de 2022, <https:// english.cas.cn/newsroom/cas_media/202208/t20220815_311479.shtml>.

Capítulo 11. Alto ahí

1. «Space Shuttle Thermal Tile Demonstration», Roscket Tasartir, vídeo de YouTube, <https://www.youtube.com/watch?v=Pp9Yax8UNoM>.

Capítulo 12. La persistencia del sonido

1. «Music project launches at iconic Cupar silo», Michael Alexander, *The Courier*, 20 de mayo de 2016, <https://www.thecourier.co.uk/fp/entertainment/music/173694/music-project-launches-iconic-cupar-silo/>.

2. «Testing the World's Longest Echo», Tom Scott, vídeo de Facebook, <https://www.facebook.com/watch/?v=1418903461877118>.

3. «The Acoustics of the Auditorium of the Royal Albert Hall Before and After Redevelopment», R. A. Metkemeijer, Adviesbureau Peutz & Associés B.V., <https://peutz.nl/sites/peutz.nl/files/publicaties/Peutz_Publicatie_RM_IOA_05-2002.pdf>.

4. «Whispering Galleries», Acoustical Surfaces, Inc., 24 de febrero de 2020, <https://www.acousticalsurfaces.com/blog/acoustics-education/whispering-galleries>.

Capítulo 13. Menudo subidón

1. «Physics of the Flip Flap Rollercoaster», *Math! Science! History!*, 19 de enero de 2020, <https://mathsciencehistory.com/2020/01/19/physics-of-the-flip-flap-rollercoaster/>.

2. «High G Research on the Johnsville Centrifuge», Southeastern Pennsylvania Cold War Historical Society, vídeo de YouTube, <https://www.youtube.com/watch?v=bTFu1v_sxKI>.

3. «The Rocket Sled Trials of Colonel John Stapp», The History Guy, vídeo de YouTube, <https://www.youtube.com/watch?v=JHGJ_y4aJII>.

Capítulo 14. Megamundos

1. «HR 8799 Super-Jupiters' Days Measured for the First Time», W. M. Keck Observatory, 29 de julio de 2021, <https://www.keckobservatory.org/kpic/>.

2. «Smallest-ever Star Seen by Scientists», Universidad de Cambridge, 12 de julio de 2017, <https://www.cam.ac.uk/research/news/smallest-ever-star-discovered-by-astronomers>.

3. «First ever image of a multi-planet system around a Sun-like star», Observatorio Europeo del Sur, 22 de julio de 2020, <https://www.eso.org/public/images/eso2011b/>.

Capítulo 15. Superestrellas estelares

1. «The Largest Star (Stephenson 2-18)», SEA, 11 de febrero de 2021, <https://www.youtube.com/watch?v=W9ME-WBlkeM>.

2. «Sharpest Image Ever of Universe's Most Massive Known Star», NOIRLab, National Science Foundation, 18 de agosto de 2022, <https://noirlab.edu/public/news/noirlab2220/>.

Capítulo 16. Grandes noticias

1. «Laniakea: Our Home Supercluster», *Sky & Telescope*, 3 de septiembre de 2014, <https://skyandtelescope.org/astronomy-news/laniakea-home-supercluster-09032014/>.

2. «New galaxy supercluster spotted», *Nature India*, 14 de julio de 2017, <https://www.nature.com/articles/nindia.2017.83>.

3. «What Is the Biggest Thing in the Universe?», *Science ABC*, 8 de julio de 2022, <https://www.scienceabc.com/nature/universe/what-is-the-biggest-thing-in-the-universe.html>.

Capítulo 17. Muy muy lejos

1. «The Most Distant Milky Way Stars», *Sky & Telescope*, 9 de julio de 2014, <https://skyandtelescope.org/astronomy-news/the-most-distant-milky-way-stars-070920142/>.

2. «A Planetary Detection in Andromeda?», Paul Gilster, *Centauri Dreams*, 11 de junio de 2009, <https://www.centauri-dreams.org/2009/06/11/a-planetary-detection-in-andromeda/>.

3. «Meet Earendel: Hubble telescope's most distant star discovery gets a Tolkien-inspired name», Space.com, 1 de abril de 2022, <https://www.space.com/hubble-most-distant-star-tolkien-name-earendil>.

4. «JWST's Newfound Galaxies Are the Oldest Ever Seen», *Scientific American*, 13 de abril de 2023, <https://www.scientificamerican.com/article/jwsts-newfound-galaxies-are-the-oldest-ever-seen/>.

Capítulo 18. ¡Buuum!

1. «Russia releases secret footage of 1961 Tsar Bomba hydrogen blast», Reuters, 28 de agosto de 2020, vídeo de YouTube, <https://www.youtube.com/watch?v=YtCTzbh4mNQ>.
2. «Ophiuchus Galaxy Cluster», NASA, 27 de febrero de 2020, <https://www.nasa.gov/mission_pages/chandra/images/ophiuchus-galaxy-cluster.html>.

Capítulo 19. Carreras por el cosmos

1. «NASA Probe, Fastest Object Built by Humans, Passes Sun at Record-Breaking 364,621 mph», *Newsweek*, 22 de noviembre de 2021, <https://www.newsweek.com/nasa-parker-solar-probe-fastest-object-built-humans-passes-sun-record-breaking-364621-mph-1651815>.
2. «We Just Found the Fastest Star in the Milky Way, Travelling at 8 % the Speed of Light», *ScienceAlert*, 13 de agosto de 2020, <https://www.sciencealert.com/the-fastest-star-in-the-galaxy-zooms-as-high-as-8-percent-of-the-speed-of-light>.

Capítulo 20. Pero mira que estás espeso

1. «Osmium weighs in», Gregory Girolami, *Nature Chemistry*, 23 de octubre de 2012, <https://www.nature.com/articles/nchem.1479>.
2. «Unobtanium, Neutronium and Metallic Hydrogen», Universidad de Warwick, 30 de octubre de 2020, <https://warwick.ac.uk/fac/sci/physics/research/astro/people/stanway/sciencefiction/cosmicstories/unobtanium_neutronium_and/>.
3. «A quark star may have just been discovered», *Advanced Science News*, 4 de noviembre de 2022, <https://www.advancedsciencenews.com/a-quark-star-may-have-just-been-discovered/>.

Capítulo 21. Negro

1. «Fifty shades of black», *Physics World*, 5 de noviembre de 2015, <https://physicsworld.com/a/fifty-shades-of-black/>.
2. «About Vantablack», Surrey NanoSystems, <https://www.surrey-nanosystems.com/about/vantablack>.

3. «The "blackest" black: How a color controversy sparked a years-long art feud», CNN, 20 de agosto de 2021, <https://edition.cnn.com/style/article/blackest-black-ink-culture-hustle/index.html>.

4. «Black Beast: Vantablack light-absorbing paint meets BMW», BMW, <https://www.bmw.com/en/design/the-bmw-X6-vantablack-car.html>.

5. «MIT engineers develop "blackest black" material to date», *MIT News*, 12 de septiembre de 2019, <https://news.mit.edu/2019/blackest-black-material-cnt-0913>.

Capítulo 22. Reflejos y reflexiones

1. «The Leviathan's Legacy: the story of the Birr Castle telescope», BBC Sky en *Night Magazine*, 16 de marzo de 2017, <https://www.skyatnightmagazine.com/space-science/the-leviathans-legacy/>.

2. «NASA's James Webb Space Telescope: Optics», Space Telescope Science Institute, <https://www.stsci.edu/files/live/sites/www/files/home/jwst/about/history/flyers/_documents/JWST-Optics.pdf>.

Capítulo 23. Resbalones

1. «Molecular Insight into the Slipperiness of Ice», Mischa Bonn, Daniel Bonn, *et al.*, *Journal of Physical Chemistry Letters*, 2018, n.º 9, vol. 11, págs. 2838-2842, 9 de mayo de 2018, <https://pubs.acs.org/doi/full/10.1021/acs.jpclett.8b01188#>.

2. «Hagfishes: how much slime can a slime eel make?», Emily Osterloff, Natural History Museum, <https://www.nhm.ac.uk/discover/how-much-slime-can-a-hagfish-make.html>.

3. «Pitcher Plant Inspires Super Slippery Surface», *Chemical & Engineering News*, 21 de septiembre de 2011, <https://cen.acs.org/articles/89/web/2011/09/Pitcher-Plant-Inspires-Super-Slippery.html>.

Capítulo 24. Fluir a cámara lenta

1. «The Great Boston Molasses Flood: why the strange disaster matters today», Sarah Betencourt, *The Guardian*, 13 de enero de 2019, <https://www.theguardian.com/us-news/2019/jan/13/the-great-boston-mlasses-flood-why-it-matters-modern-regulation>.

2. «How does glass change over time?», Lori Baker, MIT School of Engineering, 14 de diciembre de 2010, <https://engineering.mit.edu/engage/ask-an-engineer/how-does-glass-change-over-time>.

Capítulo 25. El veneno más letal

1. «Agatha Christie to the Rescue», Karen de Witt, *Washington Post*, 24 de junio de 1977, <https://www.washingtonpost.com/archive/lifestyle/1977/06/24/agatha-christie-to-the-rescue/d1c53130-0885-4f2e-a1f1-0143db81244e/>.
2. «The pitohui bird contains deadly batrachotoxin», Joe Schwarcz, Universidad McGill, 26 de abril de 2018, <https://www.mcgill.ca/oss/article/did-you-know/pitohui-bird-contains-deadly-batrachotoxin>.

Capítulo 26. Qué dulce eres

1. «The Pursuit of Sweet», Jessie Hicks, Science History Institute, 2 de mayo de 2010, <https://www.sciencehistory.org/distillations/the-pursuit-of-sweet>.

Capítulo 27. Asuntos pegajosos

1. «How Neanderthals made the very first glue», Universidad de Leiden, 11 de agosto de 2017, <https://www.universiteitleiden.nl/en/news/2017/08/first-glue-neanderthals>.
2. «How do gecko lizards unstick themselves as they move across a surface?», Kellar Autumn, *Scientific American*, 29 de septiembre de 2003, <https://www.scientificamerican.com/article/how-do-gecko-lizards-unst/>.
3. «Harry Coover, Super Glue's Inventor, Dies at 94», Elizabeth A. Harris, *The New York Times*, 7 de marzo de 2011, <https://www.nytimes.com/2011/03/28/business/28coover.html>.

Capítulo 28. ¡Puaj!

1. «The World's Favorite Scent Is Vanilla, According to Science», Elizabeth Gamillo, *Smithsonian*, 6 de abril de 2022, <https://www.smithso

nianmag.com/smart-news/vanilla-is-earths-most-preferred-smell-regard
less-of-cultural-background-180979870/>.

2. «Titan arum», Real Jardín Botánico de Kew, <https://www.kew.
org/plants/titan-arum>.

3. «Smelliest cheese honour», Patrick Barkham, *The Guardian*, 26 de
noviembre de 2004, <https://www.theguardian.com/uk/2004/nov/26/
research.highereducation>.

4. «Things I Won't Work With: Thioacetone», *Science*, 11 de junio
de 2009, <https://www.science.org/content/blog-post/things-i-won-t-
work-thioacetone>.

Capítulo 29. Casi nada

1. «Watch a "ballooning" spider take flight», *Science Magazine*, 2 de
abril de 2018, vídeo de YouTube, <https://www.youtube.com/watch?v=
JrS0igctMi0>.

2. «May 1931: Publication of the Creation of the First Aerogel», So-
ciedad Estadounidense de Física, mayo de 2021, n.º 30, vol. 5, <https://
www.aps.org/publications/apsnews/202105/history.cfm>.

Capítulo 30. Burbujas: bizarras, vastas y bonitas

1. «June 28, 1984 Bubble Master Eiffel Plasterer on David Letterman», vídeo de YouTube, <https://www.youtube.com/watch?v=OynS-
hAgexOM>.

2. «Chemical analysis of gaseous bubble inclusions in amber: The
composition of ancient air?», Robert A. Berner y Gary P. Landis, *American Journal of Science*, n.º 287, págs. 757-762, octubre de 1987, <https://
ajsonline.org/article/60420-chemical-analysis-of-gaseous-bubble-inclusions-
in-amber-the-composition-of-ancient-air/stats/all/pageviews>.

Capítulo 31. Ácidos

1. «Why don't our digestive acids corrode our stomach linings?», William K. Purves, *Scientific American*, 20 de octubre de 2003, <https://
www.scientificamerican.com/article/why-dont-our-digestive-ac/>.

2. «Fluorosulphuric acid», American Chemical Society, 2 de mayo de

2016, <https://www.acs.org/molecule-of-the-week/archive/f/fluorosulfuric-acid.html>.

3. «The Strongest Acid in the World: Fluoroantimonic acid», Chemicalforce, vídeo de YouTube, <https://www.youtube.com/watch?v=U WBNcMyfiGQ>.

Capítulo 32. Más claro que el agua

1. «What determines whether a substance is transparent?», S. M. Thomas, *Scientific American*, 21 de octubre de 1999, <https://www.scien tificamerican.com/article/what-determines-whether-a/>.

Capítulo 33. Qué raro

1. «Scientists uncover the fundamental property of astatine, the rarest atom on Earth», Universidad de York, 15 de mayo de 2013, <https://www.york.ac.uk/news-and-events/news/2013/research/astatine/>.

Capítulo 34. El ordenador más rápido del mundo

1. «Colossus, the world's first electronic computer», The National Museum of Computing, <https://www.tnmoc.org/colossus>.

2. «Frontier supercomputer debuts as world's fastest, breaking exascale barrier», Laboratorio Nacional de Oak Ridge, 30 de mayo de 2022, <https://www.ornl.gov/news/frontier-supercomputer-debuts-worlds-fast est-breaking-exascale-barrier>.

Capítulo 35. El límite es el cielo

1. «Skyscrapers: The race to the top», Jonathan Glancy, BBC, 5 de enero de 2015, <https://www.bbc.com/culture/article/20141216-skyscra pers-the-race-to-the-top>.

2. «A space elevator is possible with today's technology, researchers say», *MIT Technology Review*, 12 de septiembre de 2019, <https://www.technolo gyreview.com/2019/09/12/102622/a-space-elevator-is-possible-with-todays-technology-researchers-say-we-just-need-to-dangle/>.

Capítulo 36. Mecanismos fascinantes

1. «A Model of the Cosmos in the ancient Greek Antikythera Mechanism», T. Freeth, D. Higgon, A. Dacanalis *et al.*, *Scientific Reports*, n.° 11, vol. 5821, 12 de marzo de 2021, <https://www.nature.com/articles/s41598-021-84310-w>.

2. «The Babbage Difference Engine #2 at CHM», Computer History Museum, 23 de julio de 2012, <https://www.youtube.com/watch?v=be1EM 3gQkAY>.

Capítulo 37. A toda pastilla

1. «Messerschmitt Me 163B-1a Komet», Royal Air Force Museum, <https://www.rafmuseum.org.uk/research/collections/messerschmitt-me-163b-1a-komet/>.

2. «How the Bell X-1 Ushered In the Supersonic Age», Jeff Macgregor, *Smithsonian*, octubre de 2022, <https://www.smithsonianmag.com/ smithsonian-institution/bell-x1-supersonic-flight-180980765/>.

Capítulo 38. Pocos y muchos

1. «Along with Humans, Who Else Is in the 7 Billion Club?», Bill Chappell, NPR, 3 de noviembre de 2011, <https://www.npr.org/sections/ thetwo-way/2011/11/03/141946751/along-with-humans-who-else-is-in-the-7-billion-club>.

Capítulo 39. Descensos

1. «The daring journey inside the world's deepest cave», BBC, 23 de septiembre de 2019, <https://www.bbc.com/reel/video/p07p40y7/the-daring-journey-inside-the-world-s-deepest-cave>.

2. «Project Mohole, 1958-1966», Academia Nacional de las Ciencias, <https://www.nationalacademies.org/documents/embed/link/LF2255D A3DD1C41C0A42D3BEF0989ACAECE3053A6A9B/file/D819EBB8C E0F1C77F22E1959535866E718161881DB9B?noSaveAs=1>.

3. «The deepest hole we have ever dug», Mark Piesing, BBC, 6 de mayo de 2019, <https://www.bbc.com/future/article/20190503-the-deep est-hole-we-have-ever-dug>.

Capítulo 40. Cosas de la edad

1. «Hear the world's oldest instrument, the 50,000 year old Neanderthal flute», Sofia Rizzi, Classic FM, 1 de octubre de 2021, <https://www.classicfm.com/discover-music/instruments/flute/worlds-oldest-instrument-neanderthal-flute/>.

2. «Oldest piece of Earth discovered», Nadia Whitehead, *Science*, 24 de febrero de 2014, <https://www.science.org/content/article/oldest-piece-earth-discovered>.

3. «Hubble Finds Birth Certificate of Oldest Known Star», NASA, 7 de marzo de 2013, <https://www.nasa.gov/mission_pages/hubble/science/hd140283.html>.

Capítulo 41. Pequeñitos

1. «Etruscan Shrew», Thai National Parks, <https://www.thainationalparks.com/species/etruscan-shrew>.

2. «What's the smallest thing in the Universe?», Jonathan Butterworth, TED-Ed, 15 de noviembre de 2018, <https://www.youtube.com/watch?v=ehHoOYqAT_U>.

Capítulo 42. Cuestión de sensibilidades

1. «Just How Good Is Eagle Vision?», BBC Earth, 24 de marzo de 2023, vídeo de YouTube, <https://www.youtube.com/watch?v=A6H2Z-drKmzc>.

2. «Wax Moth Has Most Sensitive Ears in Insect World», Helen Fields, *Science*, 7 de mayo de 2013, <https://www.science.org/content/article/scienceshot-wax-moth-has-most-sensitive-ears-insect-world>.

3. «Magnetoreception in birds», Roswitha Wiltschko y Wolfgang Wiltschko, *Journal of the Royal Society*, 4 de septiembre de 2019, <https://royalsocietypublishing.org/doi/10.1098/rsif.2019.0295>.

Capítulo 43. Erupciones

1. «Volcanic eruption at Thera (Santorini)», Canadian Museum of History, <https://www.historymuseum.ca/cmc/exhibitions/civil/greece/gr1040e.html>.

2. «Volcanic Explosivity Index», National Parks Service, <https://www.nps.gov/subjects/volcanoes/volcanic-explosivity-index.htm>.

3. «Why the Yellowstone Supervolcano Could Be Huge», Smithsonian Channel, 5 de junio de 2015, vídeo de YouTube, <https://www.youtube.com/watch?v=lMLo0E66O8A>.

Capítulo 44. El síndrome de Matusalén

1. «Netted whale hit by a lance a century ago», Erin Conroy, *NBC News*, 12 de junio de 2007, <https://www.nbcnews.com/id/wbna19195624>.

2. «Greenland Sharks Live Hundreds of Years», Margaret Davis, *Science Times*, 27 de agosto de 2021, <https://www.sciencetimes.com/articles/33111/20210827/greenland-sharks-teach-humans-live-long.htm>.

3. «Scientists discover world's oldest clam, killing it in the process», Elizabeth Barber, *The Christian Science Monitor*, 5 de noviembre de 2013, <https://www.csmonitor.com/Science/2013/1115/Scientists-discover-world-s-oldest-clam-killing-it-in-the-process>.

4. «Methuselah, a Bristlecone Pine, Is Thought to Be the Oldest Living Organism on Earth», Robert Hudson Westover, Departamento de Agricultura de Estados Unidos, 21 de abril de 2011, <https://www.usda.gov/media/blog/2011/04/21/methuselah-bristlecone-pine-thought-be-oldest-living-organism-earth>.

Capítulo 45. Grandes supervivientes

1. «In Ocean's Depths, Heat-Loving "Extremophile" Evolves a Strange Molecular Trick», Universidad de Yale, 30 de abril de 2009, <https://news.yale.edu/2009/04/30/ocean-s-depths-heat-loving-extremophile-evolves-strange-molecular-trick>.

2. «Tardigrades: Nature's Great Survivors», Michael Marshall, *The Guardian*, 20 de marzo de 2021, <https://www.theguardian.com/science/2021/mar/20/tardigrades-natures-great-survivors>.

3. «Microbes found in natural asphalt lake», Lin Edwards, Phys.org, 21 de abril de 2010, <https://phys.org/news/2010-04-microbes-natural-asphalt-lake.html>.

ÍNDICE ONOMÁSTICO Y DE MATERIAS